真实大小的
古生物图鉴

[日] 土屋健 著　　日本群马县自然史博物馆 主编　　郑文莹 译

古生代
篇

北京联合出版公司
Beijing United Publishing Co.,Ltd.

前言／真实的古生物究竟有多大

地球上最早期出现的生命极其微小，只有在显微镜下才能看到。经过几十亿年的发展和演变，直到距今6亿多年前，才出现人类肉眼可见的生命。

这些大小不一的生命形态，仅仅观察它们就令人激动不已。特别是现在已经不存在的古生物，更有一种不可言说的传奇感。翻开这本图鉴，多种多样的生命形态一定会激发你的好奇心和求知欲！

对于古生物的图书，我们往往会忽视古生物的"尺寸感"。这类图书一般是简单的生物个体插图，或是复原到各时代各场景中的插图。真实的古生物究竟有多大，我们常常不能直观感受到。当然，图鉴中通常会有数字描述，比如"全长1米""头体长3米"，但这仅仅是数字而已……

于是，我们策划了这本《真实大小的古生物图鉴》。本书尝试将各时代的古生物置于现代（日常生活）场景中。"哇，竟然是这么大的！""咦，原来它这么小？"我希望这本书能将古生物真实的大小直观地传达给读者。

本书是古生物的"古生代篇"，介绍了从前寒武纪时代末的震旦纪到古生代末二叠纪的古生物。本书包括古生物史上最早期的霸主——奇虾，古生代的"幕后主角"三叶虫类，最早期的陆生四足动物鱼石螈，巨型的巨脉蜻蜓，长有巨大背帆的异齿龙等。这些古生物被置于现代场景中，希望读者能直观感受到这些古生物"名人"们的真实大小。

我非常感谢群马县立自然史博物馆老师对本书的审核。书中各种古生物的插图由上村一树绘制，再由服部雅人将其与现代场景融合。

如果你正翻看这本书，我希望你务必体会一下当古生物融入现代场景中，那种震撼且逼真的效果，相信一定会给您带来强烈的视觉冲击。

由于古生物的大小是根据化石分析而来，所以它的真实大小根据资料的不同而有所差异。本书中选用的尺寸是其代表性大小，但古生物原本就存在个体差异，希望读者能够简单快速地体会到古生物的"大小感"！另外，在一些现代场景中，除了主要介绍的古生物，还以同比例融入了其他页介绍的古生物。某个场景中混入了什么古生物呢？读者不妨找一找。请一定参照前后页码，体会古生物之间的大小差异，真的很有趣喔！

此外，将古生物融入现代场景中时，我们突破了水生、陆生等各种条件限制。比如，实际上本应是水生生物的古生物，在插图中可能居于陆地场景中。另外，我们根据古生物真实的生存状态，为读者准备了相应的情景插图，您可以了解真实的生态环境，比如寒武纪的海洋，在阅读时可作为参考。

本书是一套可以轻松掌握古生物大小的书籍，请您慢慢欣赏！

非常感谢您能阅读本书。

2018年6月

土屋健

Contents
目录

前言 真实的古生物究竟有多大

肉眼看得见！

这个时代生命已发展到肉眼可见的大小，华美绚丽的时代拉开了帷幕。自诞生后的几十亿年来，生命从在显微镜下才能看到的小尺寸不断地进化着。可是，到了前寒武纪时代末的震旦纪（约6.35亿年前—约5.41亿年前），生物体形突然变大了。在这个时代后形成的地层中，才发现肉眼可见的生物化石。这个时代的生命和之后的生命演化究竟有何关系，我们尚不知晓。

从大约5.41亿年前开始的地层中，发现的很多古生物化石与现代生物有关。自此之后的2.89亿年，这个时期被称为古生代。古生代分为六个时代，其中最古老的时代是寒武纪。寒武纪的大多数生物如手掌般大小，但也存在个别大型的生物。

Kimberella quadrata
金伯拉虫

分类	软体动物
产地	澳大利亚、俄罗斯、印度
体长	15 厘米

震旦纪　　约 6.35 亿年前—约 5.41 亿年前

震旦纪的海洋

上面

侧面

　　朋友们聚餐时，来个金伯拉虫海鲜拌饭如何？金伯拉虫被认为是乌贼、章鱼、菲律宾蛤仔的同类。不管是搭配海鲜，还是米饭，都绝对美味。记得要淋上柠檬汁，和朋友们一起品尝哦！

　　在古生物史上，金伯拉虫（Kimberella quadrata）是前寒武时代震旦纪的代表性生物。这个时代的大多数生物与现代生物之间的血缘关系尚不明确。仅从化石来看，这些生物几乎没有硬组织，没有腿和鳍，甚至连眼睛都没有。所以，我们连它们身体的前后都分不清楚。

　　在这样的时代，"身世明确"的金伯拉虫实为罕见。左右对称的体形，身体周围有褶皱的构造（外套膜）等，这些乌贼、章鱼、菲律宾蛤仔等软体动物的特征，它恰巧都具备。它身体一端伸出的吻部，可以聚拢并摄食自身周围的有机物。这种"摄食食物的痕迹"形成的化石也被找到了。

　　大型金伯拉虫全身长达 15 厘米，小的也有几厘米长。仅在俄罗斯我们就发现了 800 多个金伯拉虫的化石，所以它们大小各异也是正常的。金伯拉虫拥有柔软的外壳，这些外壳在很多地层中形成凹坑的痕迹。

Dickinsonia rex

狄更逊水母

分类	不明
产地	澳大利亚、俄罗斯
全长	1米

震旦纪 约6.35亿年前—约5.41亿年前

震旦纪的海洋

上面

侧面

趴在坐垫上睡觉的狗狗醒来后，竟然发现眼前有个巨大的生物，它看起来软乎乎、胖墩墩的。

这个看上去有点可怕的生物，名叫狄更逊水母（Dickinsonia rex）。和第2页的金伯拉虫一样，它也是前寒武纪时代震旦纪的代表性生物。

狄更逊水母属包括很多种，同种之间大小各异。下页趴在榻榻米上的是体长1米左右的狄更逊水母，大到令人无法忽视它的存在。

在距今35亿多年前的地层中，发现了最古老的生命化石，但它们极其微小，只有在显微镜下才能看到。之后，在长达近30亿年的岁月里，生命以微小的形态缓慢地演化着。在震旦纪中期过后，也就是大约5.75亿年前，生物体形突然变大了，出现了肉眼可见的生物，其中有的体长甚至超过几十厘米。

但是，以狄更逊水母为首的多数震旦纪生物，目前我们尚不了解。比如狄更逊水母，有一条贯穿躯体的中心轴，以此为界，两侧分节构造几近对称。在现代，并不存在这样构造的生物。它的体节本身呈管状，真是谜一般的生物！

此外，根据化石制作的复原图来看，有身体部分鼓起的情况，也有身体不鼓起的情况。

Charniodiscus concentricus

同心查恩盘虫

分类	不明
产地	英国
体长	40 厘米

震旦纪　约 6.35 亿年前—约 5.41 亿年前

震旦纪的海洋　　　　　　　　　　正面

　　从正面看，海边晾晒着墨鱼和一些像海藻的生物，难道这些生物是和墨鱼一起捕获的？它被长长的扦子穿成一串，悬垂下来的样子看上去是不是很美味？

　　这个垂下来的生物可不是什么海藻，甚至连它究竟是动物还是植物，我们都不清楚。和墨鱼一起晾晒的生物名叫同心查恩盘虫（*Charniodiscus concentricus*）。它被归类为"叶状形态类生命"的神秘生物群，是叶状形态类生命的代表性生物。

　　在古生物史上，叶状形态类生命只存在于震旦纪。当时，它们活跃于全世界的深海中。这里介绍的查恩盘虫，只在英国发现了其化石，但在世界各地都发现了其同类不同种的化石。

　　查恩盘虫主要由两大部分构成，一部分类似植物的叶子，另一部分是底部圆盘状。它或许是靠圆盘状部分附着在海底，通过叶状部分在海中摇曳来滤食营养物质得以生存。

　　同心查恩盘虫约 40 厘米长，有的或许更大。和狄更逊水母一样，在当时都属于大型生物。好啦，这就是神秘生物——同心查恩盘虫。当然了，它的味道如何，我们无法想象。

Tribrachidium heraldicum

三分盘虫

震旦纪的海洋

分类	不明
产地	澳大利亚、俄罗斯
体长	40 厘米

震旦纪　约 6.35 亿年前—约 5.41 亿年前

上面　　　　　　　　　　　　侧面

"来，吃吧！"

少女手中捧着很多美味的马卡龙……咦，这个东西怎么好像没见过。它比马卡龙还要大一圈，凸起的结构从中心位置延伸至外侧边缘。

哎，别想那么多了，先尝尝再说嘛……就这样吃掉它，真是有些可惜，还是再观察一下吧。它由中心向外延伸的凸起结构共有三条，巧妙地将生物表面分成了三等份。它看上去并不坚硬，和马卡龙一样……不，或许比马卡龙更软。至少，看起来没有贝壳那么硬。

这个奇怪的家伙，名叫三分盘虫（*Tribrachidium heraldicum*），它究竟是动物还是植物，目前我们尚不清楚。在古生物史上，只有在前寒武纪时代的震旦纪证实它存在过。

表面三等分的构造是导致它分类不明的主要原因。因为在肉眼可见的现代生物中，并没有具备这种特征的。以脊椎动物为首的多数动物都是左右对称，海星等棘皮动物则是身体五等分（五辐射对称）。三等分的身体结构，真是独树一帜呀！

如果你想吃它，我可不敢保证它是否美味哦！所以还是仔细地观察一下它的特征，之后再考虑吃它的事儿吧。

Ottoia prolifica

奥托亚虫

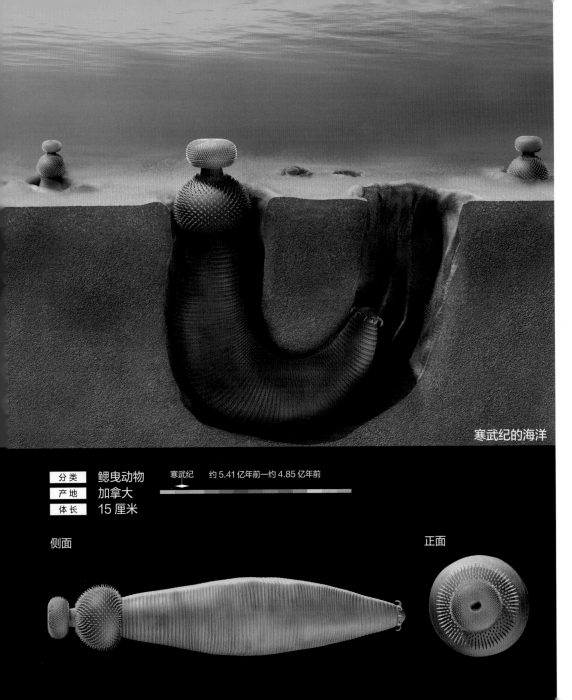

寒武纪的海洋

分类	鳃曳动物
产地	加拿大
体长	15 厘米

寒武纪　约 5.41 亿年前—约 4.85 亿年前

侧面

正面

你喜欢珍馐美味吗？为了配啤酒，盘子里放了四根非常美味的香肠……咦？上面怎么有个奇怪的食物呢？烤得恰到好处，看上去确实跟香肠很配啊，说不定和啤酒也是不错的搭配。但是，仔细一看，你会发现在它的吻部附近，长满了密密麻麻的细刺，这部分应该不能吃吧。

你是否还有勇气吃它呢？真是让我们难以抉择的食物……不，实际上这种动物是奥托亚虫（ Ottoia prolifica ），它属于鳃曳动物门的海栖动物。说实话，我们并不知道它到底能不能吃，也不知道烤完后是否还能如图所示保持原样。不管怎么样，长满刺儿的吻部最好不要吃。

在古生物史上，奥托亚虫生活在寒武纪的加拿大。从发现的化石来看，它们大多呈 "U" 字形。因此，人们猜测奥托亚虫当时在海底挖出 "U" 字形巢穴，然后藏身其中，将长长的吻部从洞里伸出来捕食猎物。

另外，在加拿大的伯吉斯页岩中层，发现的奥托亚虫化石数量尤为众多。但在加拿大以外的地域，几乎没有发现这种古生物，仅美国有几例发现报告。

11

Aysheaia pedunculata

有足埃谢栉蚕

分类	有爪动物
产地	加拿大、美国、中国
体长	6 厘米

寒武纪 约 5.41 亿年前—约 4.85 亿年前

正面

上面

侧面

寒武纪的海洋

现在有个对牙膏很感兴趣的小家伙，它正朝着蓝白相间的牙膏，一点点儿缓慢地逼近。它的身体像吸尘器的软管，上面长有许多对奇怪的倒圆锥形腿。虽然分辨不出哪儿是它的头部，但在靠近牙膏的一端开有一个孔。这个奇怪的动物名叫有足埃谢栉蚕（*Aysheaia pedunculata*）。

由于埃谢栉蚕没有眼睛，所以大概是感觉到了牙膏的"气味"而被吸引过来的。图中的埃谢栉蚕算是个头比较大的，难不成是吃了牙膏后变大了？或许是。

埃谢栉蚕属于有爪动物门。有爪动物门的动物身体构造简单，因此被称为"最原始的动物群"。它们不仅没有眼睛，也没有长长的触角等感觉器官。腿呈倒圆锥形（附肢），怎么看都不像是爬得很快的动物。它的身体外皮柔软，不擅长防御。由于脚尖上有小爪子，所以被称为"有爪动物"。现代生物中的有爪动物也属于有爪动物门。

埃谢栉蚕的化石多与海绵一起被发现，因此有专家认为也许海绵是它们的主食。

Hallucigenia sparsa
稀毛怪诞虫

分类	有爪动物
产地	加拿大
体长	3 厘米

寒武纪　约 5.41 亿年前—约 4.85 亿年前

正面

侧面

寒武纪的海洋

　　牵牛花刚发芽没多久，在它嫩嫩的叶子上，趴着一只奇怪的动物，这种动物名叫稀毛怪诞虫（*Hallucigenia sparsa*），它是非常有名的寒武纪海洋动物。尽管名气很大，但最大的怪诞虫只有 3 厘米左右。

　　寒武纪的海洋动物，除奇虾等少数生物外，大部分生物全长不足 10 厘米。而怪诞虫又是其中比较小的生物。如果将本书中介绍的生物，按从小到大的顺序排列，那它绝对名列前茅。

　　话说回来，怪诞虫所属的有爪动物门，也不存在较大型的动物。现存生物中较大的仅有 15 厘米，有的生物比怪诞虫还小，全长只有 1 厘米。

　　"Hallucigenia" 意思是"怪诞的动物"。正如其名，虽然它很小，却让科学家们伤透了脑筋。最初人们误把它背上的刺当成了腿，认为它是不可思议的动物。之后，虽然更正了它的腹部和背部，但还不能分清它身体的前后。直到 2015 年才证实了它眼睛和嘴的位置，才有了现在的复原形态。

　　仅仅 3 厘米大小，一不留神就会忽视。等发现后，手可能已经被它背上的刺扎伤了。为了避免这种情况的发生，千万要小心，特别是发现附近会有怪诞虫出没时，一定要警惕。

Collinsium ciliosum

多毛科林斯虫

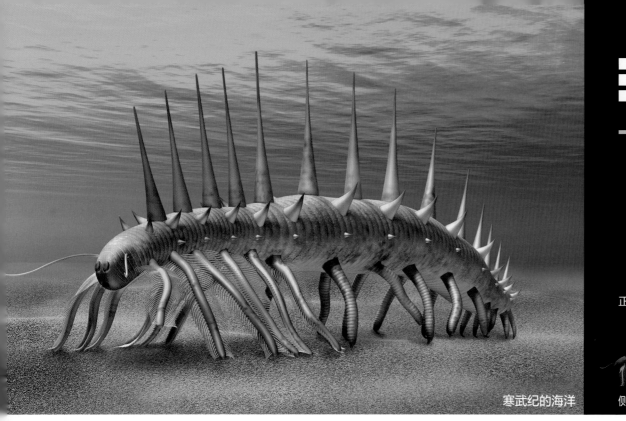

寒武纪的海洋

分类	有爪动物
产地	中国
体长	15 厘米

寒武纪　约 5.41 亿年前—约 4.85 亿年前

正面

侧面

　　正要计算经费……一只长相非常奇特的动物闯了过来。这家伙身体细长，背上长有粗粗的刺，腹部有很多条细长的腿，一部分腿上还有细细的毛。并且，在身体的一端长有像眼睛一样的结构。

　　"哎呀，这是什么啊？看上去有点恶心。"

　　千万不要这么想，我很理解你的心情，这种动物和稀毛怪诞虫（本书第 14 页）一样，同属于有爪动物门。虽和怪诞虫是近缘物种，但分属于不同的系统，它名为多毛科林斯虫（ Collinsium ciliosum ）。"Collinsium"取自发现这种化石的古生物学家戴斯蒙德·柯林斯（Desmond Collins）的名字，而"ciliosum"有"多毛"之意。这真是一个形象的名字，命名者绝对灵感出众。当然，人们常常用俗名"多毛的科林斯怪物"来称呼它。

　　在古生物史上，多毛的科林斯怪物是生存在寒武纪时代的有爪动物。它应该是靠没长毛的腿牢牢固定身体，使长细毛的腿在水中灵活摆动，从而捕获水中漂浮的有机物。

　　多毛的科林斯怪物大小约是怪诞虫的三倍，算得上是大型动物。寒武纪的海洋中有大大小小形态各异的有爪动物，当时有爪动物空前繁盛。科林斯怪物多毛的腿在生物学上也为有爪动物增添了多样性。

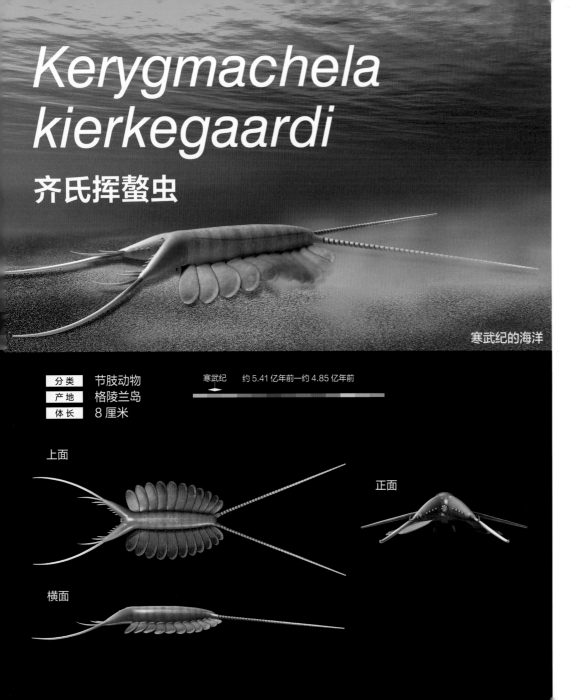

Kerygmachela kierkegaardi

齐氏挥螯虫

寒武纪的海洋

分类	节肢动物
产地	格陵兰岛
体长	8 厘米

寒武纪　约 5.41 亿年前—约 4.85 亿年前

上面

横面

正面

"来，把零部件都收集起来，准备好钳子等工具！接下来，开工喽……咦？怎么有个奇怪的工具？这可不是'工具'啊。"的确，不得不说它和旁边的钳子有几分相像，它其实是一种被称为齐氏挥螯虫（*Kerygmachela kierkegaardi*）的生物。

在古生物史上，挥螯虫生活在寒武纪的海洋世界。它的化石被发现于格陵兰岛。至于它所属的类别，至今仍有很多谜团，有人认为它应该是原始的节肢动物。

它的外形像一把打开的钳子，头部有一对粗粗的触手（附肢），尾部有一对长长的"刺"。特别是那对粗触手，和奇虾类（参照 26 页）的触手很相似。实际上，也有专家指出它和奇虾类的诞生有关。但是，奇虾类的触手上有清晰的分节，而挥螯虫的触手上没有分节，即便有也无法清晰地辨认出来。还有人认为它的身体构造与 22 页要介绍的欧巴宾海蝎有关。

不管怎样，挥螯虫肯定不能代替钳子，因为它全身柔软，所以还是赶紧把它放回水槽里比较好！

Diania cactiformis

仙掌滇虫

分类	有爪动物（或叶足动物）
产地	中国
体长	6厘米

寒武纪　约5.41亿年前—约4.85亿年前

上面

侧面

正面

寒武纪的海洋

　　在早市上溜达时，发现榴梿上趴着一只长满尖刺的小动物。凑近一瞧，那家伙竟然抬起了上半身，好像在向我打招呼。

　　趴在榴梿上的动物名叫仙掌滇虫（*Diania cactiformis*），意思是"行走的仙人掌"。它像蠕虫一样的躯干上长有十对独特的腿。每条腿都有很多分节，每个分节完全被小刺覆盖。它的外形像榴梿的表皮，看上去就是个坚硬的"刺头儿"。它带刺儿的脚，前面四对用来捕捉食物，第五对主要用于行走。这家伙的体形可真是奇特。

　　仙掌滇虫是生物进化史上重要的物种之一。它构造独特的腿，被认为是与节肢动物的分节附肢同样的构造。

　　另一方面，它的躯干又与节肢动物不同。

　　所以，专家推测仙掌滇虫可能是节肢动物诞生前的过渡性动物。

　　现今地球上活跃的节肢动物，腿和躯干都是坚硬的；仙掌滇虫虽然腿是硬的，也有分节，但躯干并不坚硬。由此可推断，在进化成节肢动物之前，这类生物或许先发生了腿部变硬的变化。

Opabinia regalis

欧巴宾海蝎

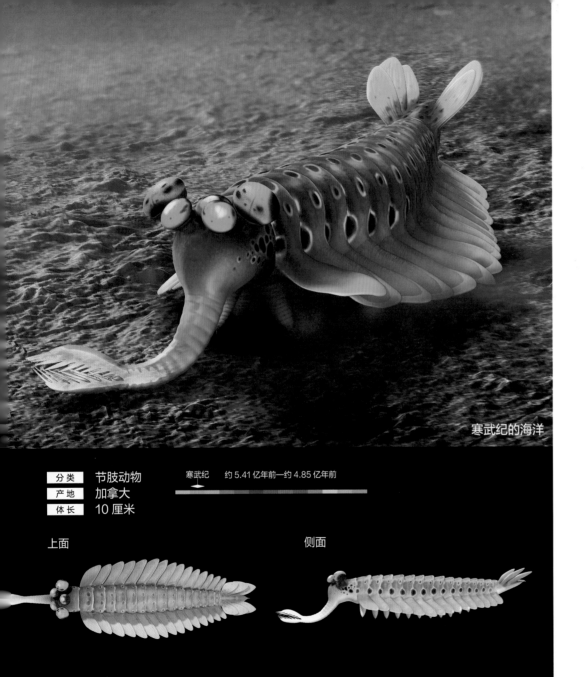

寒武纪的海洋

上面

侧面

正要拿起茄子，发现旁边竟然趴着个罕见的动物。这种动物名叫欧巴宾海蝎（*Opabinia regalis*），它长有五只眼睛，是一种原始的节肢动物。它的吻部虽然像茄子蒂一样突出，但不像茄子蒂那样可以轻松掰下来。欧巴宾海蝎的吻部还可以灵活弯曲，在长吻的顶端有着抓握性的刺状物，所以一定要小心。如果不小心碰到，说不定会被夹住哦。

除长吻外，头上顶着的五只眼睛也是它的一大特征。欧巴宾海蝎和下一页要介绍的奇虾都是寒武纪加拿大最具代表性的动物。它们都是稀有物种，至于它们与其他生物间的关系，以及其他特点，还存在很多未解之谜。

欧巴宾海蝎全长约 10 厘米，比茄子小两圈。如果成人将其握在手里，可隐隐看到吻部顶端露出拳眼。作为寒武纪时代的动物，欧巴宾海蝎算是普通个头的生物。

在古生物史上，欧巴宾海蝎被看作是在海洋中穿梭的捕猎者。根据它带刺的吻部构造，专家推测它应该是一种可怕的肉食性动物。它靠吻部捕捉柔软的猎物，然后将其吃掉。顺便提一下，虽然被称为"吻部"，但位于顶端的刺状物并不是它的嘴巴，它真正的嘴巴在身体背面。

寒武纪的海洋

Anomalocaris canadensis
加拿大奇虾

分类 节肢动物 奇虾类
产地 加拿大
体长 1米

寒武纪 约 5.41 亿年前—约 4.85 亿年前

侧面

底面

　　"快来瞧一瞧，看一看喽！今天刚进的新鲜奇虾哟！富有弹性的大触手烤着吃绝对美味；切成片做成醋淹奇虾，嚼劲十足；还有内脏，做下酒菜再合适不过了！便宜卖了！快来抢哦！"

　　看着下图，仿佛听到了劲头十足的吆喝声。奇虾有很多种类，它是寒武纪最具代表性的海洋动物之一。其中最有名的是加拿大伯吉斯页岩层中发现的加拿大奇虾（*Anomalocaris canadensis*）

化石。这种奇虾最长可达 1 米，多数都小于 1 米，不过都有几十厘米长。

　　全长几十厘米，最大 1 米，这样的大小与现代海洋动物相比，绝对算不上大。所以看上去和鱼店柜台上摆放的普通鱼类差不多大小。

　　不过，奇虾生活的寒武纪海洋，情况有所不同。寒武纪的生物基本上全长都不足 10 厘米。也就是说，在当时的生态系统中，奇虾绝对

算是"庞然大物"。

　　为何奇虾拥有如此庞大的体形呢？这个问题至今仍是一个谜。由于它巨大的体形，很多人认为它是寒武纪的霸主。也有人指出它不够凶猛，因为它不能嚼烂硬组织。奇虾究竟是不是霸主呢？目前研究者尚未达成一致意见。

Anomalocaridids

奇虾类

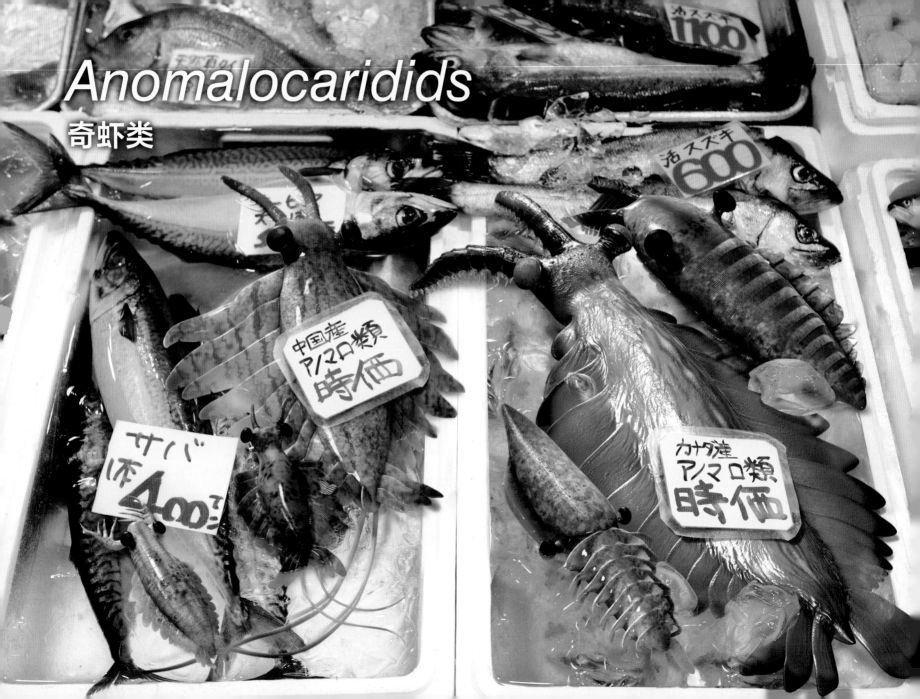

分类	节肢动物 奇虾类
产地	加拿大、中国
体长	参照各种类

寒武纪　约 5.41 亿年前—约 4.85 亿年前

本页介绍的奇虾类全部生存于寒武纪

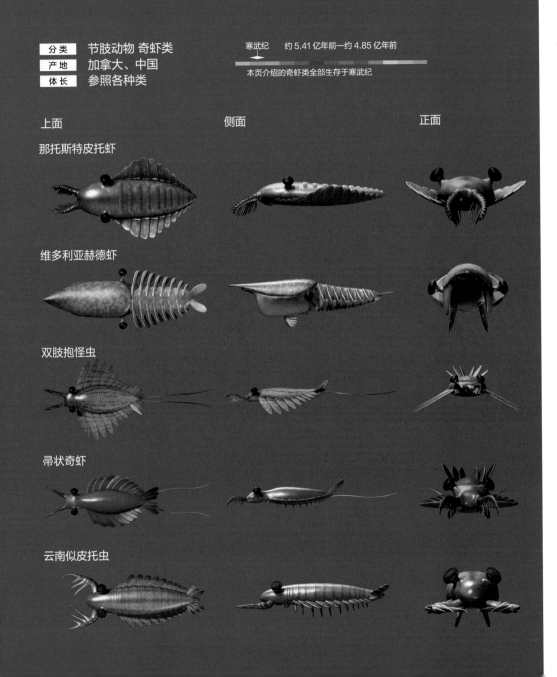

上面　　　　　　　　　侧面　　　　　　　　　正面

那托斯特皮托虾

维多利亚赫德虾

双肢抱怪虫

帚状奇虾

云南似皮托虫

　　"啊，您注意到了吧？对对对，今天与以往不同，加拿大和中国的奇虾齐聚一堂！哦，您买这个，谢谢惠顾！呀，一看您就是行家，竟然选这个，我一定给您便宜点！"

　　今天渔获大丰收，共有六种奇虾成排摆放着。"加拿大产奇虾类时价"标签下的是加拿大奇虾，在它右上方是那托斯特皮托虾（*Peytoia nathorsti*），左下方是维多利亚赫德虾（*Hurdia victoria*）。左边盒子里自右边起依次摆放着双肢抱怪虫（*Amplectobelua symbrachiata*）、帚状奇虾（*Anomalocaris saron*），还有云南似皮托虫（*Parapeytoia yunnanensis*）。上页图中右边盒里的三种奇虾产自加拿大，左边盒里的三种产自中国。你一定全都要尝尝，对比一下味道！

　　在古生物史上，中国的奇虾类比加拿大的奇虾类早出现 1000 多万年。另外，在美国、澳大利亚等地也发现了奇虾类化石。可见，奇虾在当时世界各地海洋中极其繁盛。

　　在下一页中，把这些奇虾和后面将要出场的奇虾按比例摆放在一起，你一定要好好体会它们真实大小的差异哦。

维多利亚赫德虾
Hurdia victoria
寒武纪

云南似皮托虫
Parapeytoia yunnanensis
寒武纪

巴氏辛德汉斯虫
Schinderhannes bartelsi
泥盆纪（参照 110 页）

那托斯特皮托虾
Peytoia nathorsti
寒武纪

帚状奇虾
Anomalocaris saron
寒武纪

加拿大奇虾
Anomalocaris canadensis
寒武纪（参照 24 页）

海神盔虾
Aegirocassis benmoulai
奥陶纪（参照 58 页）

双肢抱怪虫
Amplectobelua symbrachiata
寒武纪

Marrella splendens

华丽马尔三叶形虫

分类	节肢动物 马尔三叶虫亚门类
产地	加拿大
体长	2.5 厘米

寒武纪　　约 5.41 亿年前—约 4.85 亿年前

上面

正面

侧面

寒武纪的海洋

　　近年来，买 CD 的机会明显减少了，这张闪闪发光的唱片，或许有一天会成为珍贵的纪念。

　　这么想着，突然有个奇怪的动物正慢慢爬向唱片。它后背长有两对触角状的结构，其中外侧的一对像 CD 背面一样亮闪闪的。

　　这种动物名叫华丽马尔三叶形虫（*Marrella splendens*），是已经灭绝的马尔三叶虫亚门类这种节肢动物群的代表。在古生物史上，它曾极度

活跃于寒武纪时代的加拿大海洋中。

　　一般情况下，化石上很难留下古生物的颜色。有一部分生物会残留少量颜色，或保留产生色彩的器官，但毕竟是少数。当然，迄今为止并未发现能够留有七种颜色色素的化石标本。

　　那现在爬向 CD 的马尔三叶形虫，它如彩虹般的七彩触角，是完全想象出来的吗？事实上，马尔三叶形虫触角会放射光芒是有科学依据的。

　　CD 背面闪烁的七彩光芒，是由于 CD 背面有极小的凹槽，这些凹槽引起光的漫反射而形成七彩光芒，并不是在 CD 背面喷涂了七种颜色。在马尔三叶形虫的触角上也发现了同样极小的凹槽，所以才认为它的触角可能会像 CD 背面那样放射出七彩光芒。

Olenoides serratus
锯齿拟油栉虫

分类	节肢动物 三叶虫类
产地	加拿大
体长	9 厘米

寒武纪   约 5.41 亿年前—约 4.85 亿年前

正面

侧面

　　养过宠物的朋友有没有过这样的经历，用手机给宠物看动物的图片或视频，然后观察宠物有趣的反应。当然，即便宠物是三叶虫，这样做也没什么不可以……但是，三叶虫的复眼能不能识别手机画面还是个谜题。

　　这里描绘的三叶虫是锯齿拟油栉虫（*Olenoides serratus*）。在加拿大奇虾的化石产地——加拿大伯吉斯页岩层发现的三叶虫化石中，它是最有名的。拟油栉虫分为很多种，比如，下页手机中显示的叫作内华达拟油栉虫（*Olenoides nevadensis*），是美国产的三叶虫。

　　锯齿拟油栉虫，全长约 6～9 厘米。三叶虫类动物群有 10000 多种类别，它们大小各异，全长数毫米到 70 厘米不等。但大多数不足 10 厘米，因此锯齿拟油栉虫算是中等大小的生物。

　　在古生物史上，三叶虫类从古生代寒武纪开始直至二叠纪，在地球上生存了近 3 亿年，是一种历史悠久的海栖脊椎动物群。

Peachella iddingsi

伊氏皮契拉虫

分类	节肢动物 三叶虫类
产地	美国
体长	3 厘米

寒武纪 约 5.41 亿年前—约 4.85 亿年前

上面

侧面

正面

寒武纪的海洋

　　今天工作想听什么背景音乐呢？我正想着，伸手去拿放在键盘边的耳机……啊，这是什么怪东西！这家伙头部两侧鼓起两个球状物，乍看真像戴着耳机。难道这家伙也喜欢耳机？或许它也想听听音乐？

　　这家伙名叫伊氏皮契拉虫（Peachella iddingsi），是产自美国的三叶虫。如果你遇到图中的场面，建议您停下手边的事情，先保护好这个三叶虫。因为它是超级罕见的物种，能一睹它完整的姿容实属难得。话虽如此，如果你发现了存活的三叶虫，不管它是不是伊氏皮契拉虫，都应该立刻保护好。

　　在古生物史上，伊氏皮契拉虫只存在于寒武纪。它全长约 3 厘米，这个大小在当时很普通。它胸部两侧伸出两根长长的、锋利的刺，这在寒武纪的三叶虫中不足为奇。没有与外壳垂直的刺，这点也并不稀奇。

　　它有趣的地方是头部，头部两侧的突起构造，不只是寒武纪，就连其他时代的三叶虫也很少具备这个特征。它头部球状物的结构到底有何作用，至今仍是一个谜。

Cambropachycope
clarksoni
单眼虫

寒武纪的海洋

分类	节肢动物 甲壳类
产地	瑞典
体长	2毫米

寒武纪　　约5.41亿年前—约4.85亿年前

正面　　　　　　　侧面

单眼虫（*Cambropachycope clarksoni*）是寒武纪的甲壳类（虾、蟹的同类）生物。它最大的特征是，大大的头部前有一只巨大的复眼。目前并未发现它有其他眼睛，也就是说，它仅靠这一只复眼观察周围的情况。

由于它的外形太有冲击力了，我差点忘记说明它的大小。单眼虫体形微小，全长仅2毫米，与圆珠笔笔尖的大小差不多，所以你很难通过肉眼观察其细节。当然，你最好不要在它旁边打喷嚏，毕竟这般大小，一旦丢了再想找到几乎是不可能的。触摸的时候，哪怕是小心翼翼地把它捏起来，也有可能"噗"一下把它捏扁。所以一定要温柔地对待它哦！

如果在桌子上发现单眼虫们在玩耍，你可以拔根头发，把一端蘸上水轻轻地把它们提起来。然后，还是把它们移到水槽等地儿比较好。

这么微小的生物化石，在野外现场是无法识别的。要把整个岩石带回实验室，通过多次的物理破坏和化学处理将岩石粉碎，然后将小碎片放在显微镜下仔细观察，来寻找其化石。

Wiwaxia corrugata

威瓦西虫

分类	软体动物
产地	加拿大
体长	5.5 厘米

寒武纪 约 5.41 亿年前—约 4.85 亿年前

上面

侧面

正面

寒武纪的海洋

　　伸手拿热乎乎的包子时，千万不要心不在焉！因为里面可能混入了威瓦西虫（*Wiwaxia corrugata*），它的身体两侧对称分布着十多根剑一样的尖棘啊！要是去掉剑一样的尖棘，它真的很像包子。不过，威瓦西虫体表遍布细小的"鳞片"。所以，即使没有那些剑刺，也不建议您毫不辨认，拿起来就吃。

　　尽管它拥有这样的形态，威瓦西虫却被归类于软体动物。也就是说，它和章鱼、乌贼、花蛤、真蚬等属于同一类动物。只要去掉鳞片，说不定味道就像有墨鱼、花蛤的海鲜包子呢。

　　话说回来，这家伙绝对可以称得上吸睛！不管是两侧的剑状物还是遍布全身的鳞片，都闪耀着七彩光芒。若拿在手中观看，你会发现鳞片的闪光还会根据角度不同而发生变化。这并不是因为它被涂上了彩漆，而是像 CD、DVD 背面一样，由它表面微小的凹凸引起漫反射而形成了光芒。与第 30 页介绍的马尔三叶形虫的"构造色"是一样的原理。

　　当然了，威瓦西虫早已灭绝。在现实世界中，它是不可能混在包子中的，所以你尽管放心。

Halkieria evangelista

哈氏虫

分类	软体动物
产地	格陵兰岛、中国、俄罗斯等地
体长	8 厘米

寒武纪　约 5.41 亿年前—约 4.85 亿年前

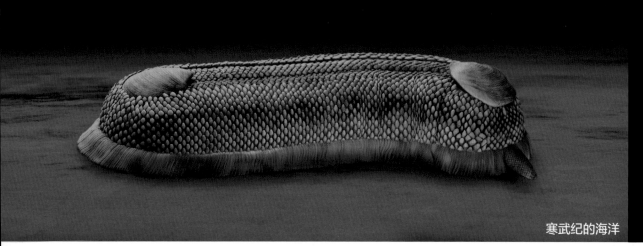

寒武纪的海洋

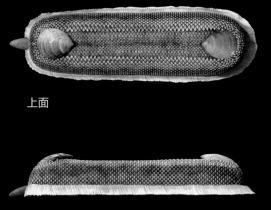

上面

侧面

　　往黑板槽里一瞧，发现有个长方形的动物正在蠕动。它的后背有两个贝壳状构造，身体底部好似一个拖把头，它慢慢前进的样子像是在擦除粉笔末，这种动物叫作哈氏虫（Halkieria evangelista）。

　　哈氏虫是寒武纪格陵兰岛的代表性动物。除身体底部外，它全身都覆盖着细小的鳞片，且脊背两端有贝壳状结构。可是，虽说是贝壳状，但每片"贝壳"的结构左右对称。人们所熟知的花蛤、蚬等双壳纲的贝壳都是左右不对称的，所以哈氏虫的"贝壳"不属于双壳纲（哈氏虫贝壳的大小，很适合作为大酱汤的食材）。拥有左右对称贝壳的动物，应该归类于"腕足动物"。

　　拥有和腕足动物相似的"贝壳"，那么哈氏虫是否属于腕足动物呢？事实并非如此。之前曾有人认为"哈氏虫的身体不断缩小，最后只剩下了两片贝壳合为一体，从而产生了腕足动物"。而现在比较有说服力的观点是：和 38 页介绍的威瓦西虫一样，哈氏虫属于软体动物。关于它的"贝壳"有何作用，目前尚不明确。

　　构成哈氏虫身体表面的细小鳞片，在它死后应该会七零八落。人们曾发现哈氏虫的一片鳞片形成的化石，但十分微小。

Nectocaris pteryx

普特莱克斯

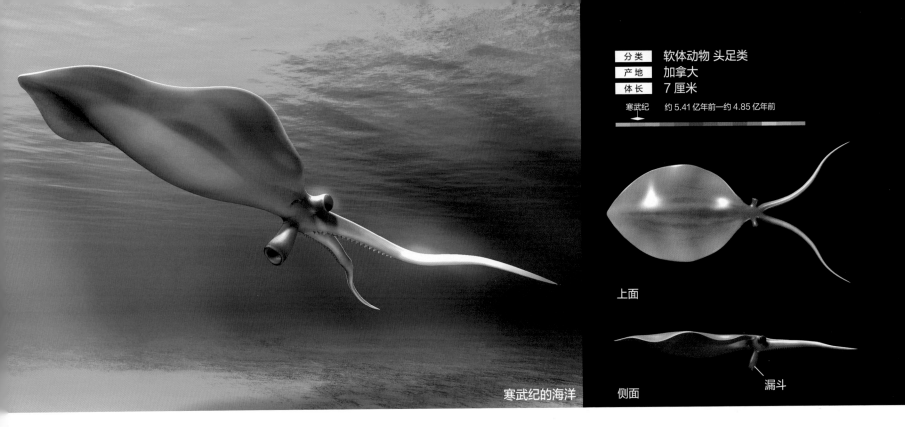

分类	软体动物 头足类
产地	加拿大
体长	7 厘米

寒武纪　约 5.41 亿年前—约 4.85 亿年前

上面

侧面　　　　漏斗

寒武纪的海洋

"让您久等了！"

端上的盘子里盛着三个墨鱼寿司……咦？墨鱼？

因为非常自然地摆放在盘子里，差点儿没认出来。读者朋友们，你们是不是也注意到了，中间的寿司，有些奇怪呢！

的确，无论是形态、质感，它都与米饭很相配，和墨鱼如出一辙。但是，仔细看就会发现它只有两条腕。要是墨鱼的话，加上触腕共有十条腕。难道是触腕以外的八条腕都被去掉了？……看上去不像。更奇怪的是，墨鱼的眼睛，有这么凸出吗？

在吃之前，我们真要仔细观察一下这个食材，它当然不是墨鱼，而是普特莱克斯（ Nectocaris pteryx ）。虽不是墨鱼，但和墨鱼、章鱼等同属于头足类动物。除了两条腕，它还拥有和墨鱼一样的大漏斗，靠漏斗喷水的反作用力来游泳。

在古生物史上，普特莱克斯生活于寒武纪的加拿大海洋，是生物史上最早期的头足类动物之一。头足类包括菊石等"有壳的同类"。关于头足类进化的问题一直备受争议，究竟"有壳的"和"无壳的"哪个先出现呢？正是由于普特莱克斯的发现，现在更倾向于"无壳的"先出现的观点。

Pikaia gracilens
皮凯亚虫

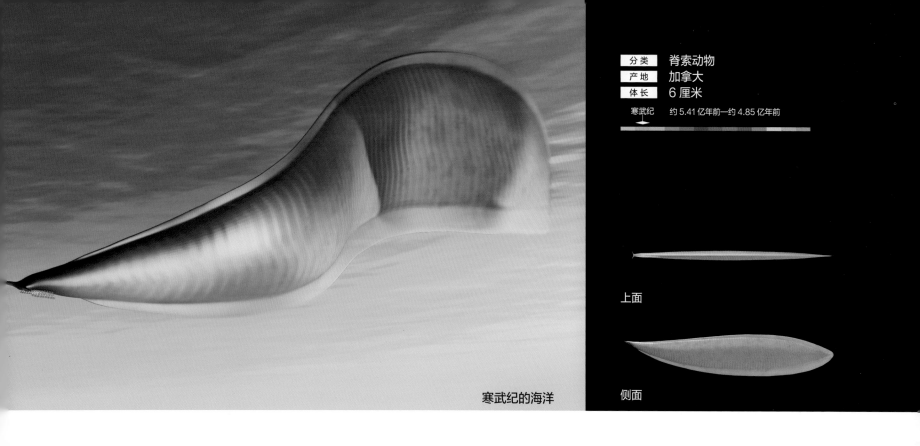

分类	脊索动物
产地	加拿大
体长	6 厘米

寒武纪　约 5.41 亿年前—约 4.85 亿年前

上面

侧面

寒武纪的海洋

　　哇！捞上来一条活蹦乱跳像鱼一样的动物！与鱼不同的是，这家伙怎么看都找不到头，恐怕连眼睛也没有。

　　可不要觉得"哎呀，看着有些恶心"。现在你捞上来的这个动物，是 20 世纪美国著名古生物学家史蒂芬·杰伊·古尔德奉为至宝的皮凯亚虫（*Pikaia gracilens*）。古尔德认为它属于脊索动物，全长约 6 厘米，与人类演化的"起点"关系密切。而且，在其著作《奇妙的生命》（*Wonderful Life*）一书中，他介绍道："作为人类的直接祖先，皮凯亚虫是最古老的存在。"

　　古尔德所著的《奇妙的生命》于 20 世纪 80 年代出版，那时皮凯亚虫是当时已知寒武纪时期唯一的脊索动物。"基于脊椎动物是由脊索动物演化而来的观点，皮凯亚虫是脊椎动物最早的祖先"，这种见解在当时并无不妥。

　　但是，从 20 世纪末至 21 世纪，科学家们又相继发现了下一页要介绍的昆明鱼以及 48 页的巨型斯普里格虫等鱼的同类（脊椎动物无颚类）。因此，曾被认为是"脊椎动物最早祖先"的皮凯亚虫，如今"王位"不保。

Myllokunmingia fengjiao

丰娇昆明鱼

寒武纪的海洋

分类	脊椎动物 无颚类
产地	中国
体长	3 厘米

寒武纪　约 5.41 亿年前—约 4.85 亿年前

侧面

猫咪正聚精会神地侧头盯着鱼缸，但鱼缸里游来游去的并不是金鱼，而是一些别的小鱼儿。这种群居的小鱼名叫丰娇昆明鱼（*Myllokunmingia fengjiao*），它只有人类大拇指般大小，是一种无颚的鱼类。

在古生物史上，昆明鱼的出现是生物史的里程碑之一。要知道，它可是被发现于距今约 5 亿 1500 万年前的地层中。"5 亿 1500 万年前"意味着它是人类已知的最古老的脊椎动物，是史上最古老的鱼。

昆明鱼全长 2 ～ 3 厘米，比现存的青鳉鱼还小。它具有背鳍、眼睛以及腮，但没有下颚。这点将它与现代普通的鱼类明确划分开。无颚说明它无法进食超过一定硬度的食物，再加上它 2 ～ 3 厘米的大小，昆明鱼在当时的海洋生态系统中算是弱者。也就是说，在生态金字塔中，它几乎处于底层。

在上页插图中，鱼缸中的昆明鱼成群地游动，这可不是凭空想象出来的。有报告指出，在直径 2 米的区域内，发现密集存在着 100 多个昆明鱼的近缘种化石。"成群"或许是它们作为弱者的生存之道。

Metaspriggina walcotti

沃尔科特巨型斯普里格虫

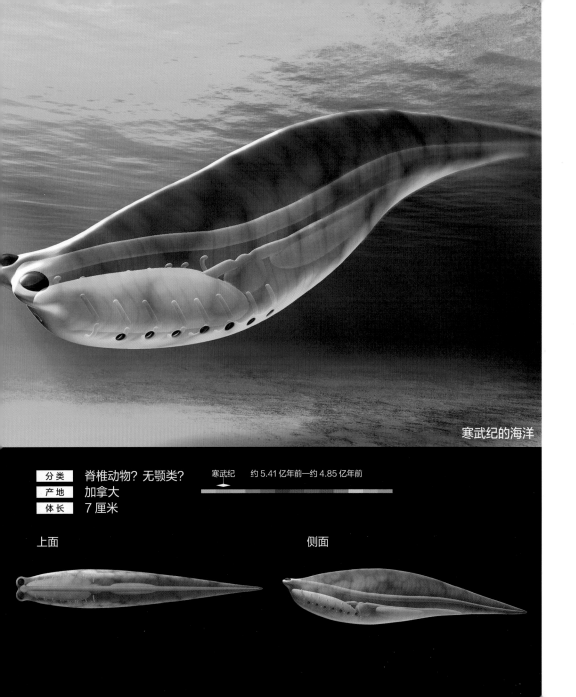

寒武纪的海洋

分类	脊椎动物？无颚类？
产地	加拿大
体长	7厘米

寒武纪　约5.41亿年前—约4.85亿年前

上面　　　　　　　　　　　　　　　侧面

一只黑猫正低着头向鱼缸内窥视，而鱼缸里的"勇士"也毫不示弱，气势汹汹地怒视着黑猫。这位"勇士"拥有半透明的身躯，约7厘米长。相较于不大的身躯，它的眼睛十分惹人注目，它就是沃尔科特巨型斯普里格虫（Metaspriggina walcotti）。仔细观察，你会发现它的两只眼睛突出于头部，不像大多数鱼类那样长在侧面，而是在背部突出。

巨型斯普里格虫曾被归类于像皮凯亚虫（参照44页）一样的脊索动物。但近些年研究证实，它有肌节、鳃器官、鼻孔、双眼等器官构造。所以，有专家认为相对于像皮凯亚虫类的脊索动物，巨型斯普里格虫更应归类于像昆明鱼（参照46页）这样的无颚类。

在古生物史上，巨型斯普里格虫和昆明鱼一样都存活于寒武纪。如果巨型斯普里格虫属于无颚类，那它或许可以和昆明鱼并称为"最早期的鱼类"。虽说同属于寒武纪，但昆明鱼却比斯普里格虫要早出现约1000万年。需要注意"最早期"意味着一段漫长的时间。

啊，不行，可千万不能吃啊！最好还是赶快拦住黑猫！因为即使不是最古老的鱼类，巨型斯普里格虫也是非常珍贵的鱼啊！

Vetulicola cuneata
楔形古虫

分类	古虫动物？
产地	中国
体长	9 厘米

寒武纪　约 5.41 亿年前—约 4.85 亿年前

上面

侧面

正面

寒武纪的海洋

桌子上有个难以形容的奇怪动物。

"这是什么啊？"

大家感到奇怪也是理所当然的。这个动物由两大部分组成，前半部分由两块有些怪异的壳状物扣合在一起，后半部分有分节，看上去有点儿像虾。

仔细想想，越发觉得这家伙的构造实在是不可思议。尤其是前半部分，壳状物"上下"扣合在一起，目前并没有发现它的脚。而且，它的前半部分，水平方向还有切口。这些切口又是什么呢？

该不会是像钉书器一样可以上下开合吧？真是令人捉摸不透。

这种不可思议的动物名叫楔形古虫（Vetulicola cuneata）。虽然给它起了个学名，但对于它的归类尚不明确。有研究者根据它异乎寻常的形态，新建立了"古虫动物"这个分类群，并且将几个与楔形古虫有相似形态特征的生物都归于此类。

至今还未发现楔形古虫有眼睛，也没有发现它有脚。它到底是一种什么样的动物呢？倘若它出现在你的桌子上，你可一定要仔细观察哦！

Xidazoon stephanus
皇冠西大虫

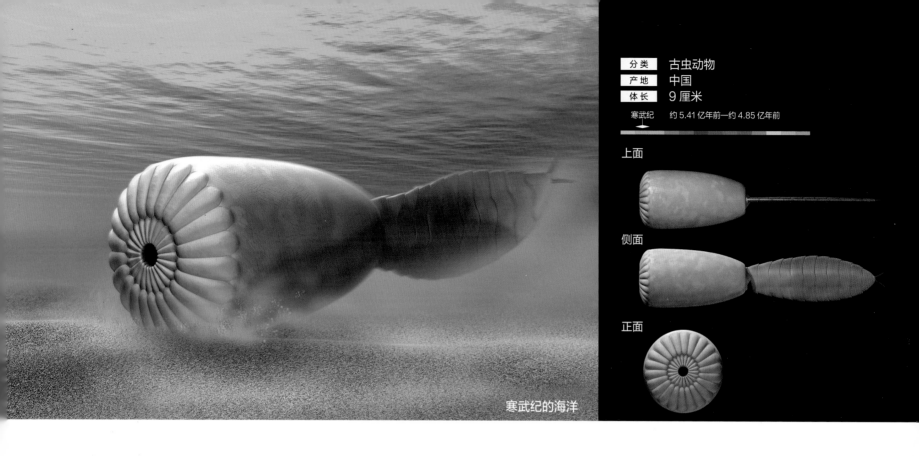

分 类	古虫动物
产 地	中国
体 长	9 厘米

寒武纪　约 5.41 亿年前—约 4.85 亿年前

上面

侧面

正面

寒武纪的海洋

天冷时最适合吃热腾腾的关东煮啦！萝卜、鸡蛋、魔芋、海带、墨鱼卷、竹轮（筒状鱼糕）……

"里面好像有个奇怪的东西吧……"

说起关东煮的食材，别说不同地域之间，就是不同家庭也有所不同。别出心裁地加入一些食材，也算是做关东煮的乐趣之一！但是，再怎么创新，不应该在盘子里见到这种食材吧。

这种食材名为皇冠西大虫（*Xidazoon stephanus*），它前半身呈筒状，后半身呈鳍状。它的前半身就像竹轮一样，有一个孔贯穿中轴部分。关东煮的汤汁可以从这个孔浸入体内，看上去味道应该不错。这个孔被认为是皇冠西大虫的嘴巴。

"咦？这是什么呀，会好吃吗？"

如果被这样问到，我还真是无法回答。在古生物史上，皇冠西大虫只存在于寒武纪，它与现代生物之间的血缘关系尚不清楚。甚至有研究者为此提出了古虫动物这种独特的动物类群。如果有机会的话，希望您能亲自品尝一下它的味道！

Siphusauctum gregarium

高脚杯虫

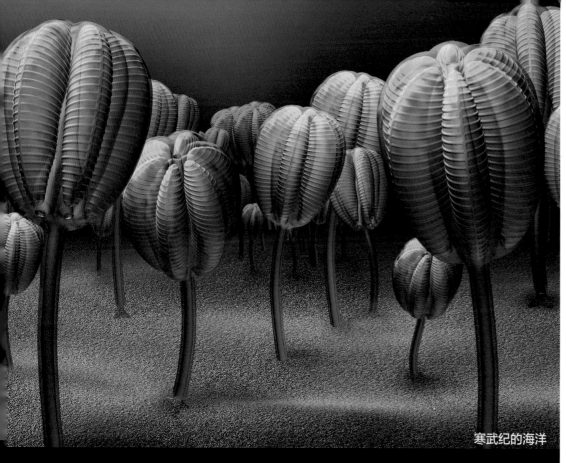

寒武纪的海洋

分类	不明
产地	加拿大
体长	20 厘米

寒武纪　约 5.41 亿年前—约 4.85 亿年前

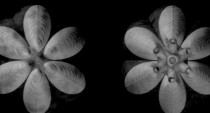

侧面　　　　　正上方　　　　　正下方

在美丽的郁金香花束中，有一朵不同寻常的"花"十分惹人注目。这种形似郁金香的生物名叫高脚杯虫（*Siphusauctum gregarium*）。

对高脚杯虫来说，用"一朵"这个词或许不太合适。但它确实拥有细长的"茎"，而且"茎"的顶端还有"萼部"。由于它的外形像郁金香，它也被称为"郁金香生物"。与郁金香不同的是，它是一种动物。然而，除了知道它是动物外，其他方面我们一概不知。

从上而下观察高脚杯虫的"萼部"，你会发现它的中心有个小孔，这或许是它的肛门。肛门外围环绕着六个环杯状构造，每一串的底部都有一个小孔。这个孔应该才是高脚杯虫的嘴，用嘴吸入水分的同时也一并吸入养分。

在古生物史上，高脚杯虫有压倒性的存在感，它是寒武纪的海洋生物。寒武纪的动物大多全长 10 厘米左右，像高脚杯虫这么大的实属罕见。而且，在一些海域中，高脚杯虫十分"繁茂"，形成海中的"花田"。

奥陶纪 *Ordovician* *period*

约从 4.85 亿年前 开始，生物的大小和形态变得多样化，开始出现超巨大生物，古生代的第二个时代——

奥陶纪拉开了帷幕。这一时代的生物和寒武纪一样，大多数生物如人的手掌般大小。但是，数十厘米、数米长的生物也开始慢慢出现，其中甚至有全长11米的超巨大生物。"11米长"不仅是在奥陶纪，甚至在整个古生代也算得上是超级无敌大的生物。

对于奥陶纪的生物来说，它们的外形不再只局限于长度数值。在这一时代，三叶虫类生物的身体构造开始变得立体，拥有多样附肢的板足鲎类开始登场。此外，鱼的同类也变得更有"鱼样"，形态更多样化。

Aegirocassis
benmoulai

海神盔虾

奥陶纪的海洋

分类	节肢动物门 奇虾属
产地	摩洛哥
体长	2 米

奥陶纪　　约 4.85 亿年前—约 4.44 亿年前

正面

上面

侧面

渔船到达港口，和金枪鱼一起要被卸货的还有个奇怪的生物。这家伙全长达 2 米，身体呈圆锥形，大大的头上有一双巨大的复眼，还有两条梳状构造的触手。值得一提的是，它的鳍竟然分为上下两排。它真的能吃吗？

这种奇怪的生物其实是海神盔虾（Aegirocassis benmoulai），和第 24 ～ 29 页中介绍的奇虾属于同类。它的触手（准确来说是"大附肢"）内侧排列分布着细小的梳状棘刺，它很可能正是依靠这对触手聚集海水中的浮游生物来摄取食物的。

在古生物史上，海神盔虾是生存于奥陶纪初期的奇虾类。相对于 24 ～ 29 页中所介绍的寒武纪奇虾类，它晚了 2500 多万年才出现。不过，从"那个时代最大级别的生物"这个层面来说，海神盔虾和寒武纪的奇虾类是一样的。奥陶纪初期，长达 2 米的生物极其罕见。

但是，寒武纪的奇虾类多为肉食性动物，从这一点来看，以浮游生物为食的海神盔虾极为珍稀。尽管海神盔虾体形巨大，但它没有攻击性，可以说是个"温柔的巨人"。

"体形巨大，以浮游生物为食"，这是海神盔虾与现代海洋中须鲸类生物的共同特征。

*Asaphus
kowalewskii*

卡瓦勒斯基栉虫

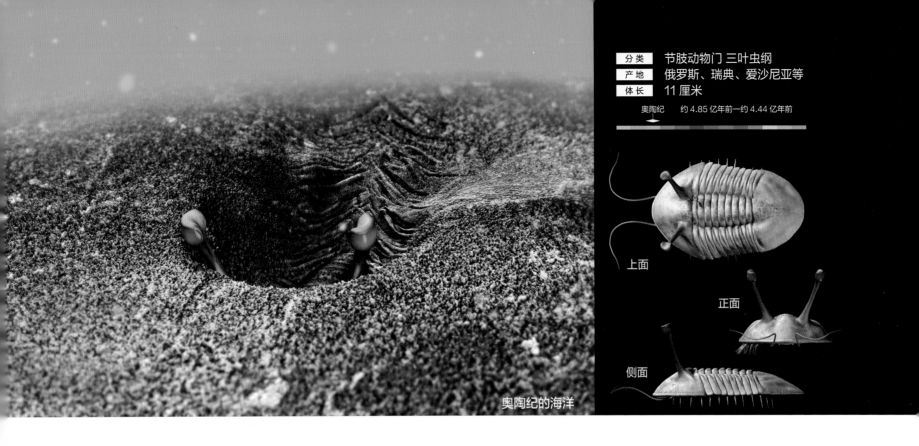

分类	节肢动物门 三叶虫纲
产地	俄罗斯、瑞典、爱沙尼亚等
体长	11 厘米

奥陶纪　　约 4.85 亿年前—约 4.44 亿年前

上面

正面

侧面

奥陶纪的海洋

夕阳渐斜，晚霞染红了天际。在夕阳笼罩下的网球场边，有两只三叶虫正静静地趴在那里。多么不可思议的景象啊，真的很想亲眼看一看。

这种三叶虫叫作卡瓦勒斯基栉虫（Asaphus kowalewskii）。它全长最长可达 11 厘米，如左页图片，比网球大一圈左右的个体不在少数。

在奥陶纪，栉虫属的三叶虫非常繁盛，种类繁多。其中，卡瓦勒斯基栉虫有着数厘米长的眼轴，以及眼轴前端的复眼。它和蜗牛长相相似，但眼睛有很大的不同。卡瓦勒斯基栉虫的眼轴由像外壳一样坚硬的硬组织构成，不具备蜗牛眼轴的伸缩性和灵活性。

据说在奥陶纪的海洋世界里，卡瓦勒斯基栉虫会在海底挖一个沟槽，大小正好可以露出眼睛，它就这样把自己埋藏起来窥探外界的情况。

在寒武纪出现的三叶虫，到了奥陶纪，体形大小也没发生多大变化，多数都像之前描述的那样不足 10 厘米。不过与寒武纪的三叶虫相比，奥陶纪的三叶虫，像卡瓦勒斯基栉虫的眼睛那样，"三次元结构"的进化更为常见。

Boedaspis ensipher

俄罗斯梦幻三叶虫

分类	节肢动物门 三叶虫纲
产地	俄罗斯
体长	7 厘米

奥陶纪　约 4.85 亿年前—约 4.44 亿年前

正面

侧面

上面

奥陶纪的海洋

接下来出哪张牌好呢？放下手中的威士忌，伸手去拿牌……啊，危险！牌上竟然有东西。那家伙身上布满了大大小小向左右延伸的棘刺，头的后部还有两条长棘向后延伸。要是一不小心摸到它的话，恐怕会受伤。

这种全身长满刺的生物是三叶虫的一种，叫作俄罗斯梦幻三叶虫（*Boedaspis ensipher*），

它的化石被发现于俄罗斯。这么说来，或许伏特加比威士忌更应景。

在古生物史上，俄罗斯梦幻三叶虫生存于奥陶纪的海底。它全长 7 厘米，在三叶虫类中属于普通个头。不过，用棘刺如此武装自己的三叶虫，在奥陶纪绝对是少数派，实属珍奇。

纵观三叶虫类的发展历史，它们大致呈如

下的进化趋势：寒武纪的三叶虫体形扁平，大多长相相似；到了奥陶纪，拥有立体身体结构的三叶虫逐渐增多；到了志留纪，三叶虫的种类及多样性均减少；到了泥盆纪，满身是刺儿的三叶虫开始增多……这样看来，俄罗斯梦幻三叶虫的进化一直领先于时代发展的进化趋势。

Remopleurides nanus

桨肋虫

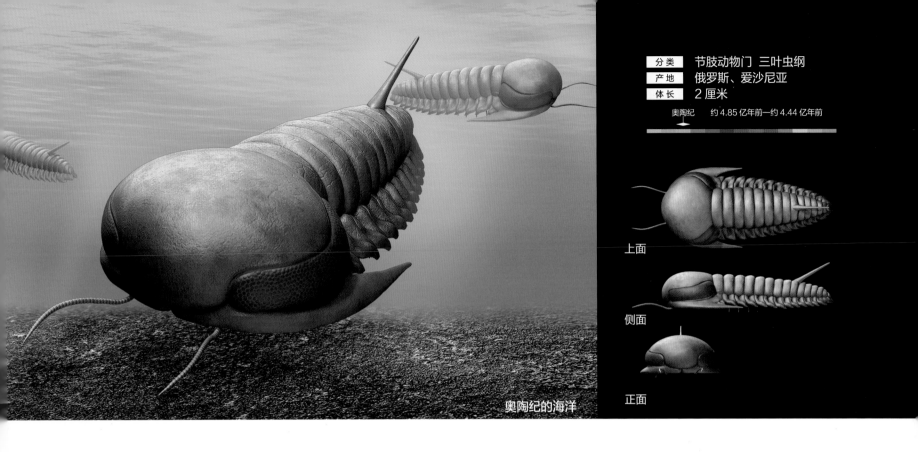

分类	节肢动物门 三叶虫纲
产地	俄罗斯、爱沙尼亚
体长	2 厘米

奥陶纪　　约 4.85 亿年前—约 4.44 亿年前

上面

侧面

正面

奥陶纪的海洋

正聚精会神地盯着棋盘，想要走出绝妙的一步。就在这时，棋盘上出现了两只奇怪的动物。这两只比棋盘方格略小的动物，正一动不动地盯着将要被放下的棋子。这种动物名叫桨肋虫（*Remopleurides nanus*），是三叶虫的一种。

在古生物史上，桨肋虫生存于奥陶纪的俄罗斯。在奥陶纪时期，三叶虫大多数长 10 厘米左右。像桨肋虫这样，比棋盘方格还小的较为少见。这里介绍的是普通大小，不过一般认为它最大不到 4 厘米，有的甚至只有 1 厘米。

虽然桨肋虫的外形给人一种脆弱的感觉，但它的外形仍备受关注。桨肋虫全身呈流线型，大大的复眼在头部侧面延伸呈带状。这正是它与同样生活在奥陶纪俄罗斯的卡瓦勒斯基栉虫（参照 60 页）、梦幻三叶虫（参照 62 页）的不同之处。

桨肋虫的形状容易让人误以为它是自游生物。它流线型的身体，可以在水中快速移动时发挥作用，减少水的阻力。它带状的大眼睛，视野宽阔，能在游动时感知立体空间。仔细观察，还会发现在它的尾部有一根小刺，这根刺或许可以在它游动时起到控制方向的作用。至少，在控制姿势上应该会有所帮助。

Pentecopterus decorahensis

迪科拉古希腊军舰

分类	节肢动物门 螯肢亚门 板足鲎类
产地	美国
体长	1.7 米

奥陶纪　约 4.85 亿年前—约 4.44 亿年前

上面

侧面

正面

奥陶纪的海洋

你注意到了吗？在一排冲浪板中，有个奇怪的东西混入其中。难道这是新型冲浪板？不对不对，这绝对是个动物。这是一种属于"板足鲎类"（也称为海蝎）的节肢动物。不知道它能不能像冲浪板那样，载着人乘风破浪。如果你想要试试的话，还是等到海边人少一点比较好。因为这种板足鲎的附肢上有一对锐利的棘刺，如果扎到游泳的人可就糟啦！

目前，已知的板足鲎类约有 250 种。它不只生存于海洋中，淡水等各种水域都有这种节肢动物存在。板足鲎（海蝎）正如其名，它拥有与蝎子类似的外形。这里晾晒的是板足鲎的一种，叫作迪科拉古希腊军舰（*Pentecopterus decorahensis*）。在古生物史上，它存活于奥陶纪中期，是世界上最古老的板足鲎。迪科拉古希腊军舰全长约 1.7 米，在当时算是大型物种。

一般来说，生物随着时代的变迁逐渐大型化。然而，"最古老的板足鲎"迪科拉古希腊军舰，全长达 1.7 米。因此，很有可能存在着体形更小的板足鲎类祖先，只是现在还未被我们发现。这样看来，板足鲎类的历史也许可以追溯到寒武纪。

Megalograptus ohioensis

巨型羽翅鲎

分类	节肢动物门 螯肢亚门 板足鲎类
产地	美国
体长	1.2 米

奥陶纪　约 4.85 亿年前—约 4.44 亿年前

上面

正面

侧面

奥陶纪的海洋

　　咦？这不是和迪科拉古希腊军舰的图片一样吗？怎么回事？估计不少读者会有这样的疑问，请再仔细看下图片。注意到了吧，图片的右边多了一种新的板足鲎。这种板足鲎叫作巨型羽翅鲎（*Megalograptus ohioensis*），大小约为迪科拉古希腊军舰的一半。

　　巨型羽翅鲎和迪科拉古希腊军舰一样，都是产自美国的板足鲎，两者也存在不同之处。首先是它们的体形，迪科拉古希腊军舰全长 1.7 米，而巨型羽翅鲎只有 1.2 米。作为板足鲎，1.2 米绝对不算小，倒不如说 1.7 米的迪科拉古希腊军舰（参照 66 页）相当大了。

　　其次，它们尾部尖端也有很大不同。迪科拉古希腊军舰的尾部尖端像一把宽幅佩刀，而巨型羽翅鲎的尾部尖端像一把剪刀。

　　在古生物史上，尽管迪科拉古希腊军舰和巨型羽翅鲎都是奥陶纪的板足鲎类，但后者出现的时间要比前者晚 900 万年左右。这一时期，还存在其他种类的板足鲎，虽然还没有完成它们的全身复原图，但已发现其数种化石。显然，奥陶纪是板足鲎类生物多样化的时代！

Lunataspis aurora

黎明之新月鲎

奥陶纪的海洋

分类	节肢动物门 螯肢亚门 剑尾目
产地	加拿大
体长	5 厘米

奥陶纪   约 4.85 亿年前—约 4.44 亿年前

正面

侧面

上面

一只鲎正在海岸上悠闲地爬行。它身体的前部呈半圆形壳，后部呈六角形，还有一条向后方延伸的尾棘。这种景象在美洲大陆东海岸、东南亚、日本的濑户内海以及九州北部等地都可以看到。

几只小动物围绕在这只鲎的四周，就像一个团队，它们和鲎朝着相同的方向前进，这些小不点和鲎长得十分相似。

鲎四周的这些小动物叫作黎明之新月鲎（ *Lunataspis aurora* ），它们当然和鲎的形态相似，因为它们也是鲎家族的一员。

在古生物史上，黎明之新月鲎生存于奥陶纪的加拿大，是已知的最古老的鲎。现存的鲎与古老的化石种类相比，形态上基本没有改变，所以有人把现存的鲎称为"活化石"。像这样把最古老的鲎——黎明之新月鲎和现存的鲎放在一起比较，就会发现它们的长相差不多，"活化石"这个称号也算名副其实。

如果仔细观察，便会发现它们的不同之处。比如，黎明之新月鲎身体的后半部分有一个类似分节的构造。放大看，又不是节，而是一种"阶梯状结构"。说到底，还是一块甲壳，这一点与现存的鲎并无区别。

Cameroceras trentonense
房角石

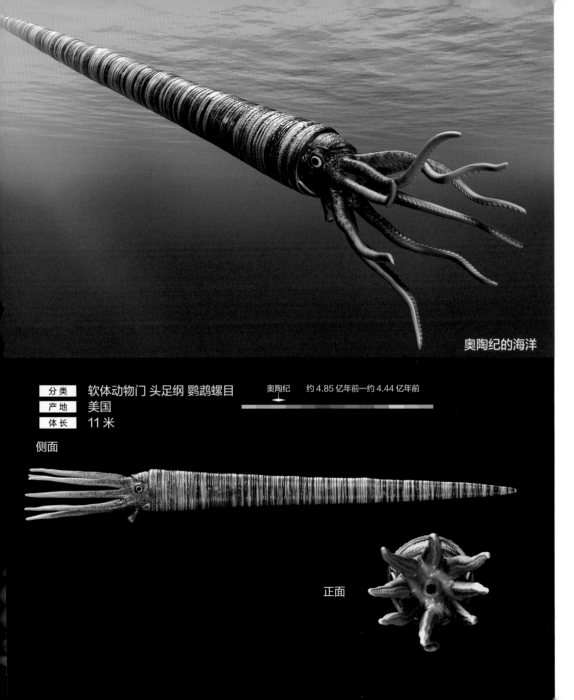

奥陶纪的海洋

分类　软体动物门 头足纲 鹦鹉螺目
产地　美国
体长　11 米

奥陶纪　　约 4.85 亿年前—约 4.44 亿年前

侧面

正面

　　红色的双层巴士是伦敦极具特色的景观。咦？双层巴士的车顶上，绑着一只奇怪的动物。这只动物几乎和公交车一样长，外壳呈长长的圆锥形。它的软体部分既不像章鱼也不像乌贼，长出好几只触手，这种动物叫作房角石（Cameroceras trentonense）。

　　房角石特有的长长的圆锥形的壳，大部分是空的。软体部分只存在于靠近硬壳口的一小部分。空壳部分被内壁分成了几个腔室。房角石原本是水生动物，它应该是通过调整进入壳内各个空间的水量来控制自己的浮力。不过，有人认为由于它身体太重，不能游动。

　　在古生物史上，房角石出现于奥陶纪。本书尝试复原了 11 米长的房角石，但实际上发现的房角石化石仅有一小部分，所以无法确定其全长。有人认为它最长 6 米，事实上还无法确定。如果 11 米的长度准确，房角石就是古生代海洋中体形最大的动物。就算全长 6 米，它仍可跻身于体型最大的动物行列。如果仅同奥陶纪的古生物相比，那它绝对是庞然大物！

　　啊，有一点需要提醒，就算你真的走在伦敦街头，也绝不会偶遇这样奇妙的景象哦。（慎重起见，还是提前说明比较好。）

Enoploura popei
波氏盔海椿

分类	棘皮动物门 海扁果亚门
产地	美国
体长	7 厘米

奥陶纪　约 4.85 亿年前—约 4.44 亿年前

上面

侧面

正面

奥陶纪的海洋

　　美发工具全都整整齐齐地摆放在桌子上：平剪、牙剪等各种剪刀，小镊子，还有……嗯？这个工具好像从来没见过。它的主体是一个反光的长方形，从长方形向上延伸出两个短小的突起，向下延伸出一根略粗的、长长的尖刺，它整体看上去都很坚硬。这到底是什么，在什么情况下会用到它呢？我咨询了美发师，他却满不在乎地回答道："啊，那个啊，是盔海椿（Enoploura）。请您别介意它。"

　　"carpoid"在日语中被称为"海果类"，是棘皮动物的一种。是的，即使它和剪刀摆在一起看起来很协调，但它的确是个动物。因为是棘皮动物，所以它是海星、海胆的同类。美发院的这个海果类的学名是波氏盔海椿（Enoploura popei）。在长方形部分的一侧，两个小突起之间的位置应该是肛门；而对侧伸出的长长的尖刺，能像腕部一样弯曲。

　　说起波氏盔海椿，或者说海果类动物本身，就是一个谜团。关于它们的生态，人类几乎一无所知。在古生物史上，海果类动物生存于寒武纪至石炭纪。

Bothriocidaris
eichwaldi

艾氏僧帽海胆

奥陶纪的海洋

分类	棘皮动物门 海胆纲
产地	爱沙尼亚
体长	1 厘米

奥陶纪　　约 4.85 亿年前—约 4.44 亿年前

上面　　　　　　　底面　　　　　　　侧面

桌上摆着精致美味的蛋糕，好想吃这个蛋糕啊！好像已经品尝到酸甜诱人的浆果味道了，口水都要流出来啦！慢慢拿起叉子……在那之前，你还是再好好看一看吧。幸好没有直接吃，不然后果可不得了！蓝莓旁边有个满身是刺儿的东西。

这个刺乎乎的东西叫作艾氏僧帽海胆（*Bothriocidaris eichwaldi*）。据说它的刺和用于行走的突起长在身体同一部位。看长相也能猜到它是海胆的同类。除本书中的艾氏僧帽海胆外，还有其他种类的僧帽海胆。除爱沙尼亚外，美国也发现了其化石。

现代人提起海胆，马上会联想到高级食材：海胆寿司、海胆盖浇饭、烤海胆……光是想象一下，就口水直流。

海胆虽给人留下美味的印象，但在已知的800 种海胆中，仅有马粪胆和紫海胆可以食用。那么，原始的艾氏僧帽海胆能不能吃，目前我们无从知晓。考虑到它的大小，我们最好用叉子把它从蛋糕上弄下来比较好。

Arandaspis prionotolepis

锯鳞亚兰达甲鱼

分类	脊椎动物门 无颚类
产地	澳大利亚
体长	15 厘米

奥陶纪　约 4.85 亿年前—约 4.44 亿年前

上面

侧面

正面

奥陶纪的海洋

盘子里摆着一条小鱼和三条鳕鱼子。看上去味道应该不错，但我可不建议你直接把它吃掉。毕竟它身体的前半部分覆以骨板，后半部分布满了鳞片。

这条鱼叫作锯鳞亚兰达甲鱼（*Arandaspis prionotolepis*）。在古生物史上，它出现于奥陶纪，是史上最早进化出鳞片的鱼类之一。

说起来，鱼类的历史早在寒武纪时期就已经开始了。46 页的丰娇昆明鱼和 48 页的巨型斯普里格虫便是最早期的鱼类。不过寒武纪的鱼类没有鳞片。后来奥陶纪的鱼类有了鳞片，身体的防御机能也有所提高。但亚兰达甲鱼只有一片尾鳍，没有胸鳍和背鳍，所以它并不擅长游动。

在奥陶纪的海洋世界中，鱼类仍是弱者，不擅长游动，体形又小。虽然和昆明鱼、巨型斯普里格虫相比，它的体形增大了数倍，不过大小也就和鳕鱼子差不多。

另外，它无颚，无法嚼碎坚硬的猎物，只能摄入海底的有机物存活。我们所熟知的有颚鱼类，要等到志留纪才会出现。

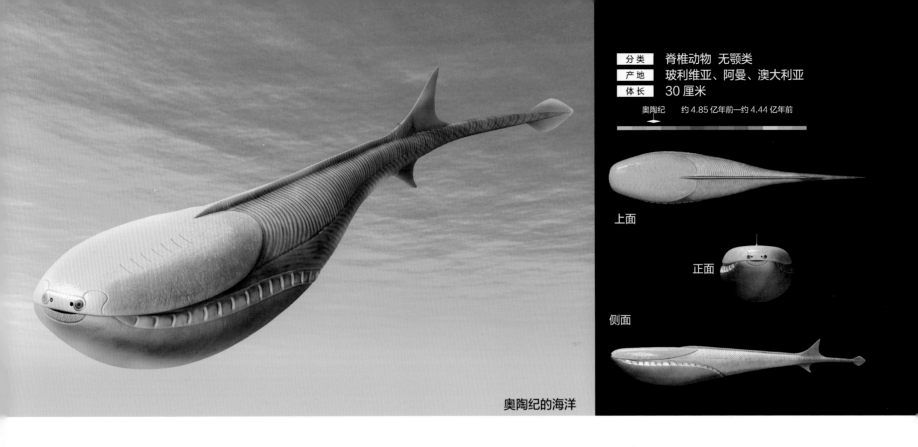

分类	脊椎动物 无颚类
产地	玻利维亚、阿曼、澳大利亚
体长	30 厘米

奥陶纪　约 4.85 亿年前—约 4.44 亿年前

上面

正面

侧面

奥陶纪的海洋

　　傍晚的音乐教室里，几个乐器并排摆放在桌子上。蛙鸣筒，用木棒刮过筒壁上的刻纹，就会发出"叽""嘎"的声音；沙槌，拿着把手挥动它就会发出"沙卡沙卡"的声音；在蛙鸣筒和沙槌中间的是什么呀？为什么会出现在这里？它名叫詹氏萨卡班巴鱼（Sacabambaspis janvieri），是一种无颚鱼类。当然了，刮也好摇动也好，它应该都不会发出声音。

　　萨卡班巴鱼的化石被发现于玻利维亚、阿曼和澳大利亚等地。在古生物史上，它生存于奥陶纪中期的海洋里。现在看来各个化石产地相距较远，但在奥陶纪中期，它们都位于冈瓦纳超大陆沿岸。

　　詹氏萨卡班巴鱼和最早拥有鳞片的亚兰达甲鱼（参照 78 页）相比，前者的体形是后者的 1.5 ~ 2 倍。这两种鱼身体结构相似，前半部分覆以骨板，后半部分长有鳞片。它们的不同之处在于尾鳍的形状。虽然詹氏萨卡班巴鱼和亚兰达甲鱼都只有尾鳍，但它尾鳍的形状要比亚兰达甲鱼复杂得多。因此，尽管它们同属无颚类，但属于不同科。

Promissum pulchrum
美丽普罗米桑牙形石

分类	脊椎动物 无颚类 牙形石类
产地	南非
体长	40 厘米

奥陶纪　约 4.85 亿年前—约 4.44 亿年前

正面

侧面

奥陶纪的海洋

正想着"要不要吃点鳗鱼"时，在市场上就看到一条条活生生的鳗鱼扭来扭去。若是买点儿带到熟识的餐馆，说不定会帮忙处理成佳肴呢！正是鳗鱼肥美的时节，真是超级想吃！咦？细看的话，竟然发现里面有条以假乱真的鱼。

这条大眼睛非常惹人注目的鱼名叫美丽普罗米桑牙形石（*Promissum pulchrum*）。鳗鱼属于辐鳍鱼纲鳗鲡科鱼类，而普罗米桑牙形石属于无颚类中的牙形石类（牙形刺动物）。辐鳍鱼类和无颚类最大的不同点在于前者有颚，而后者无颚。

普罗米桑牙形石是牙形石类中极具代表性的一种。它长达 40 厘米的身躯有发达的肌纤维，能够扭动身体自由地在水中游来游去。

关于牙形石类，仍有很多未解之谜。原本"牙形石"这一词指的是形如角锥或呈梳状的数毫米大小的硬组织。而硬组织属于牙形石的哪个部分，又发挥着怎样的作用，我们尚不清楚。普罗米桑牙形石是少数得以复原的个例，一般认为牙形石位于它的口腔内部。

志留纪 *Silurian period*

植物开始

正式向陆地进军，水中各种生物在大小和形态上趋于多样化。这就是从约4.44亿年前开始，持续了2500万年的古生代第三个时代——志留纪时代。板足鲎类是这一时代的代表性生物。板足鲎类在奥陶纪开始出现，进入志留纪后，形态和大小变得多样化，进入了繁盛时代。

这一时代，真正的陆生植物开始登场。只不过，这些陆生植物都极小，小朋友用指尖就可以提起来。在此先透露一下，对于鱼的同类来说，志留纪是作为弱者的最后时代。所以，请你好好感受一下志留纪鱼类的大小，再与之后时代的鱼类进行比较。

Xylokorys chledophilia

嗜泥盔虫

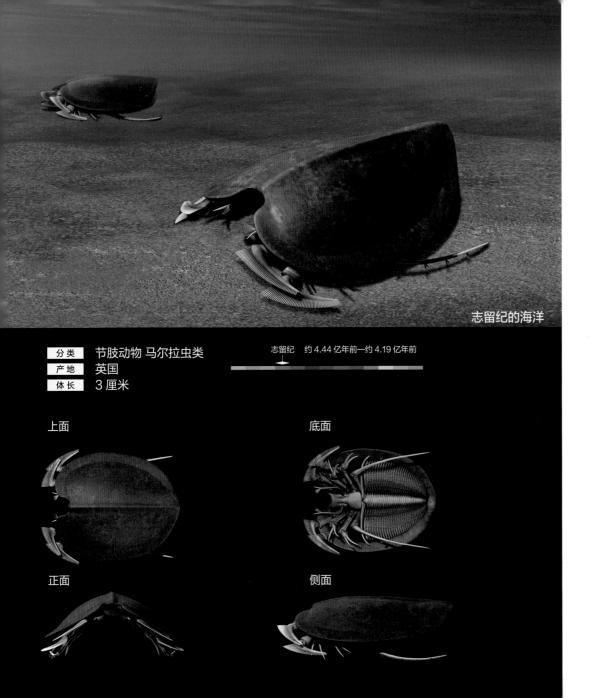

志留纪的海洋

分类	节肢动物 马尔拉虫类
产地	英国
体长	3 厘米

志留纪　约 4.44 亿年前—约 4.19 亿年前

上面

底面

正面

侧面

　　正在收集瓶盖儿时，跑来一只不认识的小动物。可能它把自己的壳当作瓶盖儿了吧，它竟然翻了个身。这是什么动物，看起来很可爱呀。这动物名叫嗜泥盔虫（*Xylokorys chledophilia*），"*Xylokorys*"有"探险帽""探险头盔"的意思。当然，这个词是指它的外壳。很可惜，并不是"瓶盖儿"的意思。

　　希望您能仔细观察一下翻身躺着的嗜泥盔虫。您有没有注意到它身体后半部分排列着很多细小的构造？这种构造您应该之前在哪儿见过吧……

　　是的，嗜泥盔虫是古生物史上存活于志留纪的英国，是一种节肢动物，和第 30 页介绍的马尔三叶形虫一样，都属于马尔拉虫类。并且它可能同马尔三叶形虫一样，是以过滤大海中有机物为食物的滤食性动物。此外，马尔拉虫的同类动物，还会在后面的篇章（时代）中出现，让我们一起期待吧！

　　对了，那个瓶盖儿……不，应该是嗜泥盔虫探险帽似的外壳，当然是用来防御的。不仅如此，当它在柔软的泥地上行走时，也能避免身体陷入其中。

Arctinurus boltoni

贝氏阿克丁虫

志留纪的海洋

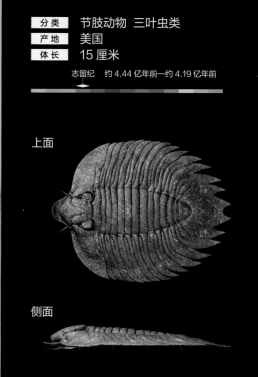

分类	节肢动物 三叶虫类
产地	美国
体长	15 厘米

志留纪　约 4.44 亿年前—约 4.19 亿年前

上面

侧面

炎炎夏日，很多人都想找个扁平的东西扇扇风吧！"扁平物"的话，团扇自然是首选。当然也有不少人喜欢用折扇。喜欢扇子的朋友，有没有想过偶尔试试扁平的三叶虫？贝氏阿克丁虫（*Arctinurus boltoni*）是身体像团扇一样扁平的三叶虫。抓到这种三叶虫代替团扇扇风，说不定意外凉快呢！细看的话，你会发现它比团扇小一圈，看上去比团扇要重一些。

在古生物史上，贝氏阿克丁虫是志留纪的美国的代表性三叶虫类。普通三叶虫类的大小体长在 10 厘米以下，15 厘米的贝氏阿克丁虫属于大型的三叶虫。加之阿克丁虫的侧叶部分向两边扩展，展示出独特的存在感，并且它极为罕见，因此被称为"三叶虫之王"。

一般认为贝氏阿克丁虫生活在布满松软泥土的海底。在这样的海底，扁平宽大的身体肯定大有裨益。就像在雪地上穿的雪鞋一样，可以防止身体陷入泥地中。

Mixopterus kiaeri

基氏混海蝎

分类	节肢动物门 螯肢亚门 板足鲎类
产地	挪威
体长	70 厘米

志留纪　约 4.44 亿年前—约 4.19 亿年前

上面

侧面

正面

志留纪的海洋

又一个板足鲎类新成员暴晒于阳光下！我们先确认一下，绑在最右边冲浪板上的是奥陶纪的巨型羽翅鲎（参照 68 页）；中央稍靠左边挂在绳子上的同为奥陶纪生物——迪科拉古希腊军舰（参照 66 页）；迪科拉古希腊军舰左下方的板子上，隔着杆子晾晒的是这次新加入的成员——基氏混海鲎（*Mixopterus kiaeri*）。

混海鲎是典型的板足鲎类。它的附肢形状各异，尤其是最后端的附肢尖端扁平宽大呈船桨状。它腹部下方的顶端有一个被称为"尾棘"的构造。尾棘正如其名，尾端有尖棘，且呈弧形上翘。正因为尾棘的存在，混海鲎与迪科拉古希腊军舰、巨型羽翅鲎相比，它更像蝎子。但是，这种尾棘似乎并不像现代蝎类附带有毒针。顺便提

一下，在板足鲎类中，混海鲎不擅长游泳。

海滩上晒着的混海鲎全长 70 厘米，这个大小是最具有代表性的。但也有专家指出，大的混海鲎可达 1 米。这么看来，说不定还存在接近于巨型羽翅鲎（1.2 米）大小的混海鲎呢。

Eurypterid

板足鲎类

分类	节肢动物门 螯肢亚门 板足鲎类
产地	世界各地
体长	参考本文

志留纪　约 4.44 亿年前—约 4.19 亿年前

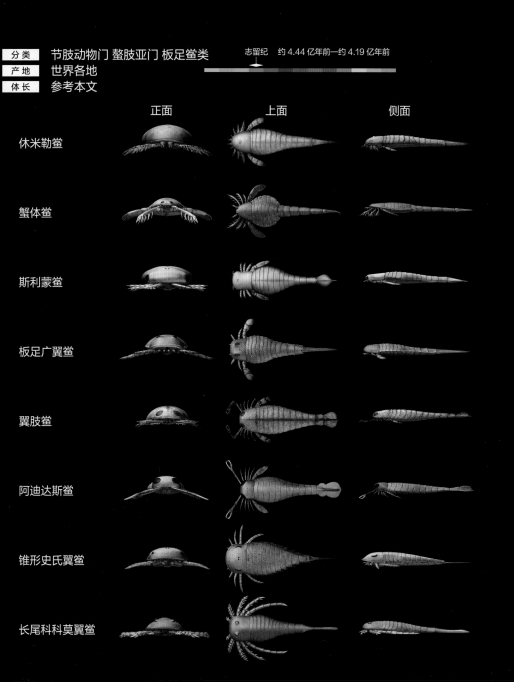

	正面	上面	侧面
休米勒鲎			
蟹体鲎			
斯利蒙鲎			
板足广翼鲎			
翼肢鲎			
阿迪达斯鲎			
锥形史氏翼鲎			
长尾科科莫翼鲎			

没多会儿，晾晒的板足鲎竟然增加了这么多！

让我们按顺序来介绍一下吧！最左侧板子上的混海鲎（参照 90 页）全长约 70 厘米；绑在杆子上的是在英国等地发现其化石的休米勒鲎（*Hughmilleria socialis*）；旁边是 66 页介绍的迪科拉古希腊军舰；再右侧的板子上是在美国发现的翼肢鲎（*Pterygotus anglicus*）；再右边是在英国发现的化石，头部呈吐司面包状的斯利蒙鲎（*Slimonia acuminata*）。顺着斯利蒙鲎往上看，用绳子捆着的分别是美国产的板足广翼鲎（*Eurypterus remipes*）和头部呈饭团状的蟹体鲎（*Eusarcana scorpionis*）；再往右，杆子上捆着的是英国产的锥形史氏翼鲎（*Stoermeropterus conicus*）；然后是美国产的全长达 2 米的阿迪达斯鲎（*Acutiramus macrophthalmus*）。最右边板子上的是 68 页介绍的巨型羽翅鲎，在它上面捆在杆子上的是长尾科科莫翼鲎（*Kokomopterus longicaudatus*）。好啦，现在你能全部分清了吗？

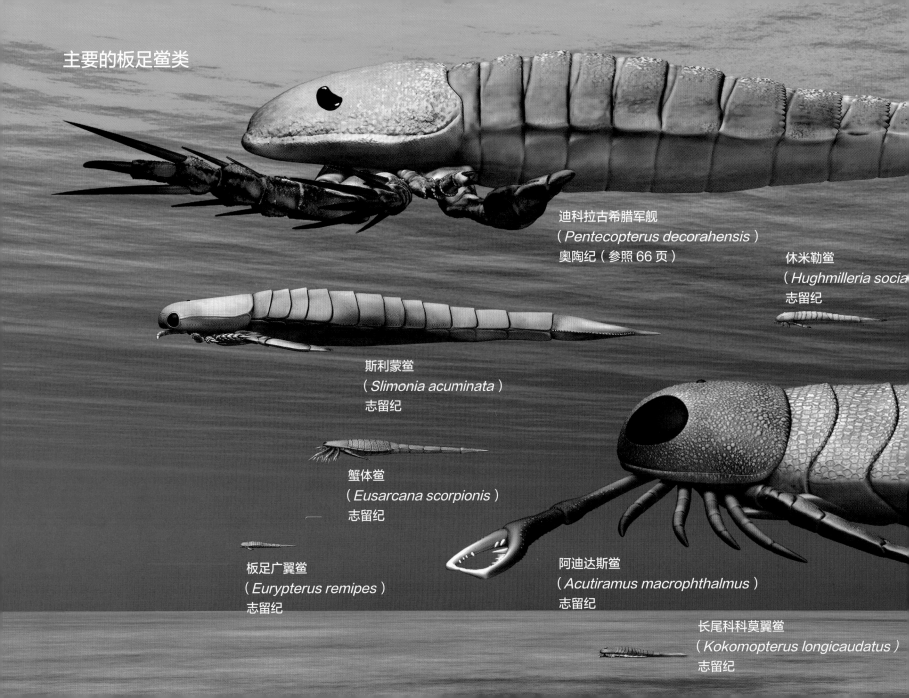

主要的板足鲎类

迪科拉古希腊军舰
（*Pentecopterus decorahensis*）
奥陶纪（参照 66 页）

休米勒鲎
（*Hughmilleria socia*
志留纪

斯利蒙鲎
（*Slimonia acuminata*）
志留纪

蟹体鲎
（*Eusarcana scorpionis*）
志留纪

板足广翼鲎
（*Eurypterus remipes*）
志留纪

阿迪达斯鲎
（*Acutiramus macrophthalmus*）
志留纪

长尾科科莫翼鲎
（*Kokomopterus longicaudatus*）
志留纪

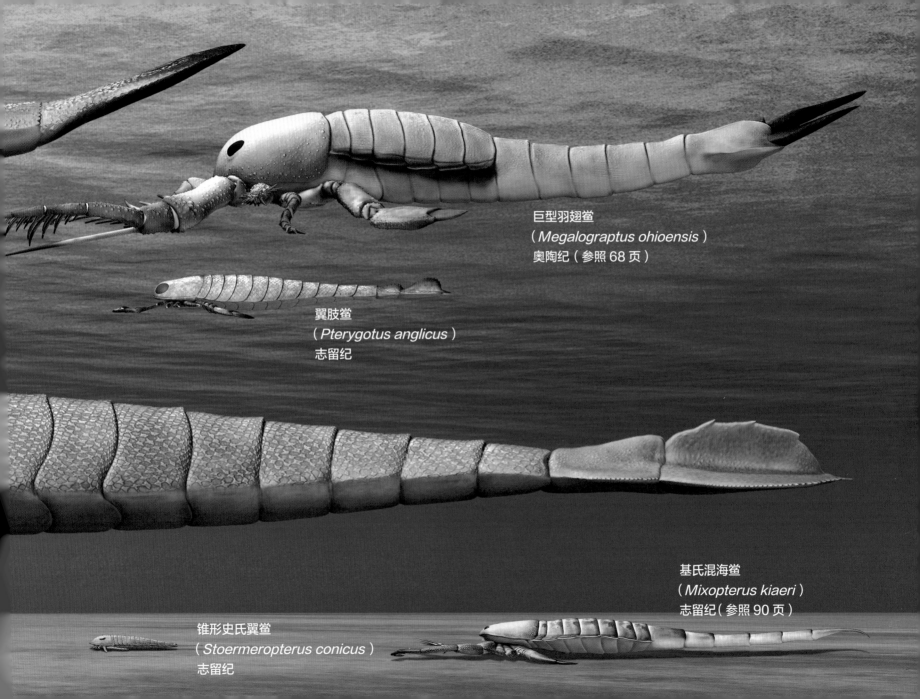

巨型羽翅鲎
（*Megalograptus ohioensis*）
奥陶纪（参照 68 页）

翼肢鲎
（*Pterygotus anglicus*）
志留纪

基氏混海鲎
（*Mixopterus kiaeri*）
志留纪（参照 90 页）

锥形史氏翼鲎
（*Stoermeropterus conicus*）
志留纪

Brontoscorpio anglicus

布龙度蝎子

志留纪的海洋

沐浴着温暖的阳光，少男少女们正在冥想。啊！一只蝎子爬了过来，它紧挨着小男孩。什么？蝎子！可这只蝎子的个头未免也太大了吧？

果不其然，这只蝎子正是大名鼎鼎、有着"生物史上最大蝎"之称的布龙度蝎子（*Brontoscorpio anglicus*）。它全长可达94厘米，与婴儿差不多大小。这家伙看起来是不是有点可怕？实际上由于它身体过重，所以专家认为它不适合在陆地上行走。

据推测，布龙度蝎子的大小，相当于现代蝎类中最大的4倍以上。它体形如此庞大，所以认为它生活在水中的可能性比较大。也就是说，它可以借助水的浮力来活动。

在古生物史上，布龙度蝎子是生存于志留纪海洋的蝎类。蝎类的历史始于志留纪，包括布龙度蝎子在内的最早期的蝎类都生活在水中。另外，虽然它的复原形态与现代蝎类相似，但实际上只发现了它一部分螯的化石，然后根据螯推测它的形态和体长。至于它是否与现代蝎类一样，尾部尖端是否有毒针这个特征尚不清楚。

分类	节肢动物 螯肢类 蝎类
产地	英国
全长	94 厘米

志留纪 约 4.44 亿年前—约 4.19 亿年前

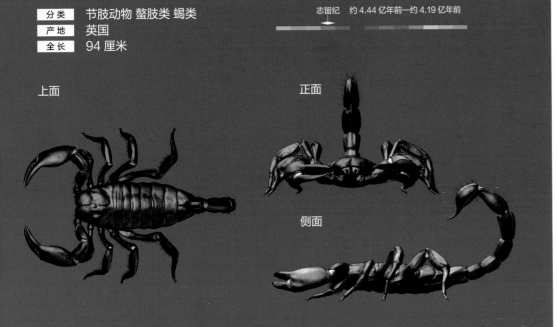

上面

正面

侧面

Offacolus kingi

金氏奥法虫

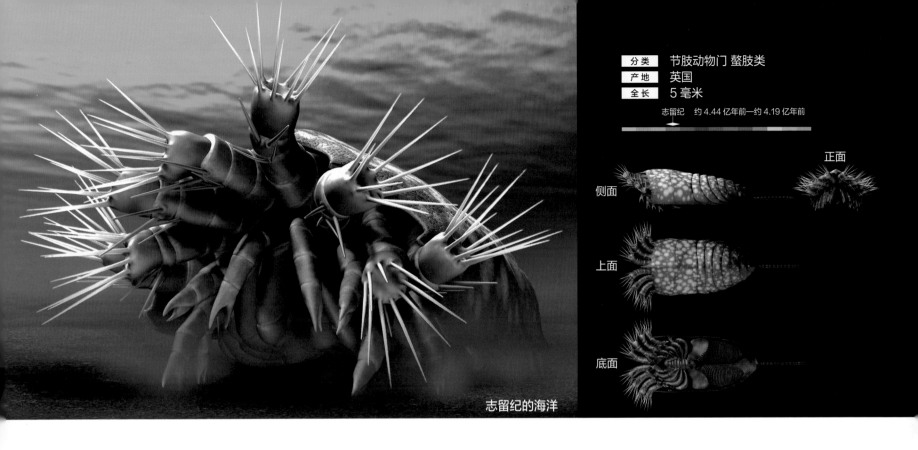

分类	节肢动物门 螯肢类
产地	英国
全长	5 毫米

志留纪　约 4.44 亿年前—约 4.19 亿年前

正面

侧面

上面

底面

志留纪的海洋

装有大豆的盒子，里面的大豆竟然有一个发芽了！啊？怎么还发芽了呢？正想着，发现一只不认识的小虫子也在里面。

这是什么？难道它觉得这根豆芽很稀奇，还是想吃掉这根豆芽？它不是从豆粒上打滑，就是跌落到豆粒之间，一路跌跌撞撞才来到豆芽附近。

不对，这不是虫子！

它半圆形壳的后半部分有分节，尾部伸出一根细长的刺儿，壳前方露出的腿上布满了刺儿，好像在哪见过……啊！想起来了！是不是和《风之谷》中的王虫有几分相像？这个小动物名叫金氏奥法虫（Offacolus kingi），是一种水生动物。它与蝎子、蜘蛛同属于螯肢类动物。金氏奥法虫的附肢别具特点，左右两侧分别有7对腿，第 2 ~ 5 条腿分成上下两部分，下面

的用于行走，上面的腿顶端布满"刚毛"（看起来像刺儿）。腿部顶端有"刚毛"，这是金氏奥法虫的独特之处。但是这些刚毛有何作用，我们尚不清楚。

金氏奥法虫的化石是在志留纪的英国地层中发现的。它与 86 页的嗜泥盔虫被发现于同一地域——赫里福德郡。在这一区域发现的化石完好地保存了古生物们的细微构造。

Caryocrinites ornatus

胡桃海林檎

分类	棘皮动物"海林檎"类
产地	美国
萼部直径	3 厘米左右

志留纪　约 4.44 亿年前—约 4.19 亿年前

上面

正面

志留纪的海洋

"这是我们刚从果园采摘的苹果！咬一口清甜的苹果，绝对让您幸福感爆棚！另外，用这些苹果榨出的 100% 纯果汁也非常受欢迎！"

照片上的红苹果真的很吸引人！仔细一瞧，画面中央立着的东西却有些眼生。

"我们还为有需求的顾客准备了海林檎。但是它特别硬，并不适合食用，所以还请您仅作为观赏！"

那个眼生的东西，看上去像是海林檎。

海林檎？是不是有些困惑？事实上，它虽然叫"林檎"，但并不是水果。不仅如此，它也不是植物，而是属于海林檎类的棘皮动物。也就是说，它和海胆、海星是同类。

海林檎，是生活在海洋中的动物。这里我们介绍的是在美国发现其化石的胡桃海林檎（Caryocrinites ornatus）。此外，在加拿大、欧洲等地也发现了胡桃海林檎的同类。它们由细细的茎，与苹果类似的球形萼部，以及多根触手组成。

在古生物史上，海林檎类存活于奥陶纪至泥盆纪时期。但是，如今很少将海林檎类生物放在一起进行介绍。

Climatius reticulatus
栅鱼

志留纪的海洋

侧面

正面

　　美味的日式早餐摆在了桌子上，"让您久等了！这是您点的烤鲑鱼棘鱼套餐。请用餐时小心鱼刺，请您慢用！"

　　鲑鱼鱼块旁边烤得酥香美味的鱼叫作栅鱼（Climatius reticulatus），它属于棘鱼类。吃它的时候需要格外小心，因为它鳍上有棘刺，不，应该说一部分鳍本身就是棘刺。要是不小心食入口中，搞不好会刺破口腔。

　　在古生物史上，栅鱼生存于志留纪至泥盆纪时期。它是已灭绝的棘鱼类，而且是早期、原始的棘鱼类。棘鱼类，正如其名是带"棘"的鱼类，这些棘位于鳍部。除尾鳍外，其他各鳍的前缘都有棘刺，这是棘鱼类的特征之一。但像栅鱼这种原始种类，它的刺更宽大，甚至有些鱼鳍本身就是棘刺。

　　在脊椎动物史上，栅鱼是最早期的有颚鱼类。在这之前，由于没有颚而缺少"攻击手段"的鱼，自此变得可以攻击包括同类在内的其他生物。在栅鱼之后，有颚鱼类不仅限于棘鱼类，开始慢慢增多。

　　栅鱼只有鲑鱼鱼块那么大，它要超过其他生物，拥有较大的身躯，还需要一段时间。

Andreolepis hedei

海德安德烈鱼

分类	脊椎动物 条鳍类
产地	瑞典、爱沙尼亚、俄罗斯
全长	20 厘米

志留纪　约 4.44 亿年前—约 4.19 亿年前

上面

侧面

正面

志留纪的海洋

　　秋季最适合吃什么食物呢？柿子？梨？栗子？不不不，应该是秋刀鱼才对！一边喝着啤酒，一边大快朵颐地吃秋刀鱼烤串，真的是绝妙的享受！等等……

　　有点儿不对劲吧？正要烤的这根鱼串和现在烤的有点不一样？这是因为秋刀鱼中混入了海德安德烈鱼（*Andreolepis hedei*）。

　　海德安德烈鱼和秋刀鱼一样，同属于条鳍类鱼。条鳍类是如今地球上最具多样性的鱼类，种类多达 27 000 种。金枪鱼、鲑鱼、鲥鱼等，日本餐桌上常见的鱼都属于条鳍类。海德安德烈鱼也属于条鳍类中的一员。

　　可是，它并非仅仅是一员这么简单。在古生物史上，海德安德烈鱼算得上是最古老的条鳍类之一，它的历史要追溯到志留纪时代。虽然之后条鳍类迎来了繁盛时代，但在海德安德烈鱼生存的时代，它们绝对是少数派。条鳍类要想成为多数派，还将经历一段无比漫长的岁月。

　　海德安德烈鱼和 102 页介绍的栅鱼并称为"早期有颌鱼"。在志留纪时期，获得了"颌"这一武器的鱼类们，很快就开始朝着大型化的方向进化。

Cooksonia pertoni
库克逊蕨

分类	莱尼蕨
产地	英国、玻利维亚、乌克兰等地
全长	7 厘米

志留纪　约 4.44 亿年前—约 4.19 亿年前

志留纪的水边

真是一片春意盎然的景象，男孩和女孩正在吹蒲公英……咦？等一下！女孩手中的植物好像没见过呢。当然，由于没有蒲公英那样的冠毛，女孩无论怎么努力，也不会有毛毛飞舞……

女孩手中的不是蒲公英，而是库克逊蕨（*Cooksonia pertoni*），也称为顶囊蕨。蒲公英属于被子植物，而库克逊蕨属于莱尼蕨，这是我们并不太熟悉的类群。

莱尼蕨是已灭绝的早期陆生植物群，库克逊蕨是具有代表性的莱尼蕨。在古生代志留纪的地层中发现了其化石。虽然陆生植物始于奥陶纪，但真正的"绿化"应该是在库克逊蕨出现后开始的。

可是，与蒲公英等被子植物不同的是，真正的库克逊蕨不耐干燥，离不开水域。此外，由于下面的支撑部分比较纤细，也限制了它的大小。库克逊蕨结构简单，没有根和叶，当然也没有花，只是在叉枝梢上有孢囊。在下页图中，女孩手中拿的算是个头比较大的，多数库克逊蕨只有几厘米大小。

泥盆纪 *Devonian period*

鱼类称霸的时代来临了。约4.19亿年前—约3.59亿年前的6000万年被称为泥盆纪，这是古生代的第四个时代。在这个时代，我们首先要介绍的是在寒武纪和奥陶纪介绍过的奇虾类的"末裔"。如果你拿不准它们的大小，可以翻到26～29页看下。

在下面的章节，您将可真实感受到昔日的霸主究竟发生了怎样的变化（大小方面）。鱼类是泥盆纪的主角。到了这一时代，鱼类终于成为生态系统的霸主。而且，顺着这趋势发展，脊椎动物成功登上陆地。请务必好好感受成为霸主的鱼类以及早期四足动物的真实大小。

Schinderhannes bartelsi

巴氏辛德汉斯虫

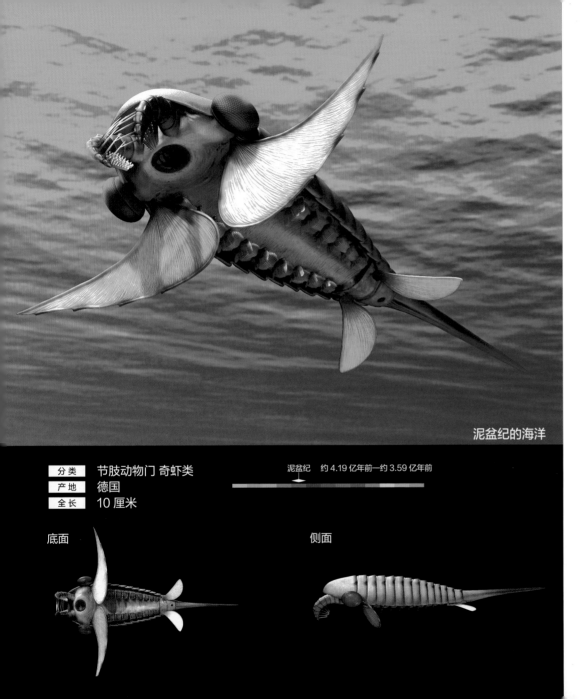

泥盆纪的海洋

分类	节肢动物门 奇虾类
产地	德国
全长	10 厘米

泥盆纪　约 4.19 亿年前—约 3.59 亿年前

底面

侧面

"呦？！顾客您注意到了啊！对对对，今天除了鳕场蟹、毛甲蟹，还有巴氏辛德汉斯虫（*Schinderhannes bartelsi*）哦！""咦？这是什么？叫什么来着？""哎呀！顾客您怎么会不知道？这是奇虾的同类呢！刚煮好的，味道绝对鲜美！"

与鳕场蟹的蟹壳大小相当的巴氏辛德汉斯虫，是寒武纪大繁荣的奇虾类家族的后代。在古生物史上，出现于泥盆纪的巴氏辛德汉斯虫，为长达约 1 亿年的奇虾类历史画上了句号。也就是说，巴氏辛德汉斯虫是目前已知的奇虾类的"末裔"。

在大多数生物全长不满 10 厘米的寒武纪时代，第 24 页介绍的加拿大奇虾全长达 1 米，在体形上占有绝对性优势。在接下来的奥陶纪初期，也出现了全长 2 米的奇虾类——海神盔虾（参照 58 页），其大小绝对胜过其他奇虾类。

但是到了泥盆纪，奇虾类的体形却变小了。巴氏辛德汉斯虫全长只有 10 厘米。这个大小，在泥盆纪的海洋世界中算是小型的，即使是在寒武纪海洋中，也绝对算不上大型。昔日的霸主，渐渐失去了海洋之王的地位！

Mimetaster hexagonalis

六角拟星虫

分类	节肢动物门 马尔拉虫类
产地	德国
全长	5 厘米

泥盆纪　约 4.19 亿年前—约 3.59 亿年前

正面　　　　上面

侧面

泥盆纪的海洋

想泡壶茶，慢慢品味时光！在树叶飘进的幽静之地，与六角拟星虫（*Mimetaster hexagonalis*）一起……

啊？真的有六角拟星虫？

图中场景混入的这只奇怪动物就是六角拟星虫。它差不多有茶碗直径的一半大小，伸出一对很长的腿，背上长有六根刺状物。

这形态真是奇特！……如果你好奇，想要摸摸它，一定要小心。因为它的六根大刺上还分别带有小刺。要是粗心大意地触摸，有可能会被扎伤。

实际上，六角拟星虫和之前介绍过的几个古生物是同类，你注意到了吗？

如果在脑海想象一下它去掉六根刺的样子，或许对你会有所启发。

它和 30 页介绍的寒武纪的马尔三叶形虫、86 页介绍的志留纪的嗜泥盔虫一样，同属于马尔拉虫类。

在古生物史上，六角拟星虫生存于泥盆纪。它被认为是自寒武纪以来，最后接连不断出现的马尔拉虫类的最后幸存者之一。

这是多么幸运啊，竟在茶室碰到了如此珍贵的"末裔"！但是，还是不要惊动它，一边慢慢地品茶，一边默默观察它的样子就好。

Vachonisia rogeri
罗氏瓦尚虫

泥盆纪的海洋

哇！蒸鸡蛋羹看上去好好吃啊！赶紧开吃吧！啊？还没有人开动，我还是等会儿吃吧。那么，再盖上盖儿吧……哎呀，危险！危险！这是什么？我还以为是盖子呢！

这个差点儿拿错的东西是罗氏瓦尚虫（*Vachonisia rogeri*）。在古生物史上，它存活于泥盆纪的德国，是带壳的马尔拉虫类。它的化石与 112 页的六角拟星虫被发现于同一化石群。

在本书当中，之前已经介绍了几种马尔拉虫。这类族群，从寒武纪开始出现，历经奥陶纪、志留纪和泥盆纪。罗氏瓦尚虫和六角拟星虫一样，也是马尔拉虫类的"末裔"之一。如果你感兴趣，不妨回顾一下之前所有的马尔拉虫类，说不定会有新发现呢！

"咦？这种形态好像在哪儿见过啊！"有这种想法的读者，请您翻到第 86 页。它们虽然大小不同，但形态确实非常相似。实际上，罗氏瓦尚虫与 86 页介绍的嗜泥盔虫亲缘关系非常接近。近缘物种之间竟然大小差别这么大！你作何感想呢？顺便提一下，第 112 页的六角拟星虫与第 30 页的马尔三叶形虫被认为是近缘生物。

分类	节肢动物门 马尔拉虫类（节肢动物门 马尔拉虫纲）
产地	德国
全长	6 厘米

泥盆纪　约 4.19 亿年前—约 3.59 亿年前

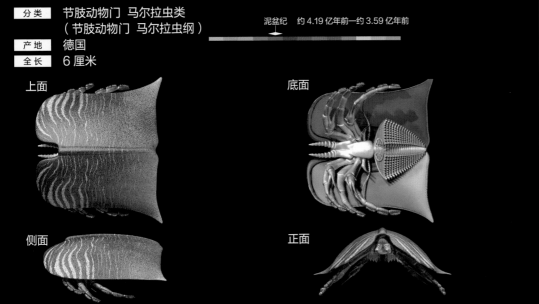

上面

底面

侧面

正面

Walliserops trifurcatus

三戟三叶虫

分类	节肢动物门 三叶虫类
产地	摩洛哥
全长	8 厘米

泥盆纪　约 4.19 亿年前—约 3.59 亿年前

正面

侧面

泥盆纪的海洋

　　想要吃块生八桥（日本京都的一种点心），正要伸手拿叉子……"啊，好痛！"都怪自己没有好好看清，真正的叉子在托盘左边呢，右边的是三戟三叶虫（*Walliserops trifurcatus*）。我应该只看到了它顶端角的部分，错当成了叉子，结果伸手摸到了它满是刺儿的背部……

　　三戟三叶虫属因长有三叉戟般的角而得名。这一类三叶虫包括很多种，不同种之间角的长度不同。其中，三戟三叶虫的角最长，因此它有"长叉"的昵称，深受爱好者们喜爱。而且，在它复眼上面，头部后方有两个朝上的较大棘刺，从胸部到尾部的中叶以及左右的侧叶上也各长有一排朝上的小刺。头部侧面向左右各伸出一根长棘刺，胸部、尾各分节的前端也都长有略宽的棘刺。

　　三戟三叶虫的"三叉戟"到底有什么作用，我们并不清楚（很明显它不是用来吃生八桥的叉子……）。它的形状和位置，独角仙和锹甲虫的角，所以一般认为"三叉戟"可能是用于与同类间的争斗。但这也只是推测而已。

　　总之，你可别像我一样，把它错当成叉子拿起来哦！

Dicranurus monstrosus

畸形双角虫

分类	节肢动物门 三叶虫类
产地	摩洛哥
全长	5 厘米

泥盆纪　约 4.19 亿年前—约 3.59 亿年前

正面

侧面

上面

泥盆纪的海洋

锹甲虫和畸形双角虫（*Dicranurus monstrosus*）正在争斗，看样子锹甲虫占了上风。锹甲虫用它的钳子夹住了畸形双角虫头部的"号角"，随即用力一抛。虽然畸形双角虫的外壳比锹甲虫坚硬得多，但如今被置于"抛掷"的境地，其防御能力低下，外壳毫无用武之地。

在古生物史上，畸形三叶虫是活跃于泥盆纪海洋的"刺刺三叶虫"的一种。它体长 5 厘米，在那个时代算是普通大小。它宽扁的身体两侧向外伸出多根又长又粗的棘刺。它最大的特征是，头部后方长有一对"号角"，是由两根粗粗的棘刺向后卷曲而成。不管是棘刺还是"号角"，都主要用于防御捕食者的攻击。

棘刺加上"号角"，畸形双角虫的样子实在怪异，但在泥盆纪时代，这种形态应该是必要的生存之道。这里我们介绍的畸形双角虫，其化石是在摩洛哥地层发现的。此外，在美国地层中发现了形态极其相似的同属异种三叶虫。在泥盆纪时代，摩洛哥和美国之间也像现在这样隔着大洋。这样看来，畸形双角虫在当时的世界应该非常繁盛。

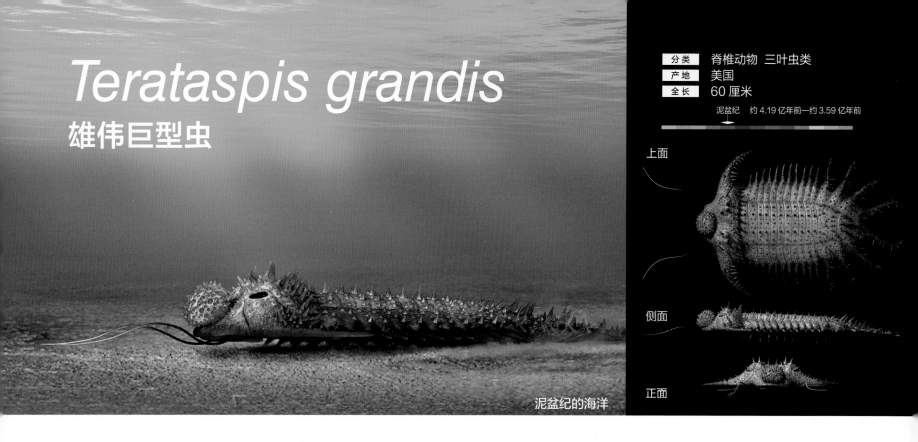

Terataspis grandis
雄伟巨型虫

分类	脊椎动物 三叶虫类
产地	美国
全长	60 厘米

泥盆纪 约 4.19 亿年前—约 3.59 亿年前

上面

侧面

正面

泥盆纪的海洋

　　停车场里的狗狗正在休息，一只大型的三叶虫正慢吞吞地爬过来。面对这只陌生的动物，狗狗充满了好奇。

　　这只三叶虫全长与井盖儿直径差不多，是雄伟巨型虫（Terataspis grandis），体长 60 厘米，在三叶虫类中算是巨型。虽然还有几种比雄伟巨型虫大的三叶虫，但它们体表平滑，不带棘刺。

　　雄伟巨型虫是目前已知最长的有棘刺的三叶虫。面对用棘刺全副武装的雄伟巨型虫，即使是好奇心旺盛、喜欢"突击"各种事物的拉布拉多猎犬，也不敢轻易对其出手。

　　此外，和其他三叶虫一样，它的外壳主要成分是碳酸钙。也就是说，它的质地相当坚硬。无论是大小、外观武装，还是甲壳硬度，雄伟巨型虫都具备极高的防御能力。

　　不过，如此大型的碳酸钙外壳，一定很重，这意味着雄伟巨型虫的行动不会非常敏捷。

　　在古生物史上，雄伟巨型虫存活于鱼类开始繁荣的泥盆纪。它的防御能力，应该能抵御鱼类的攻击。

Hallipterus excelsior

崇高霍尔鲎

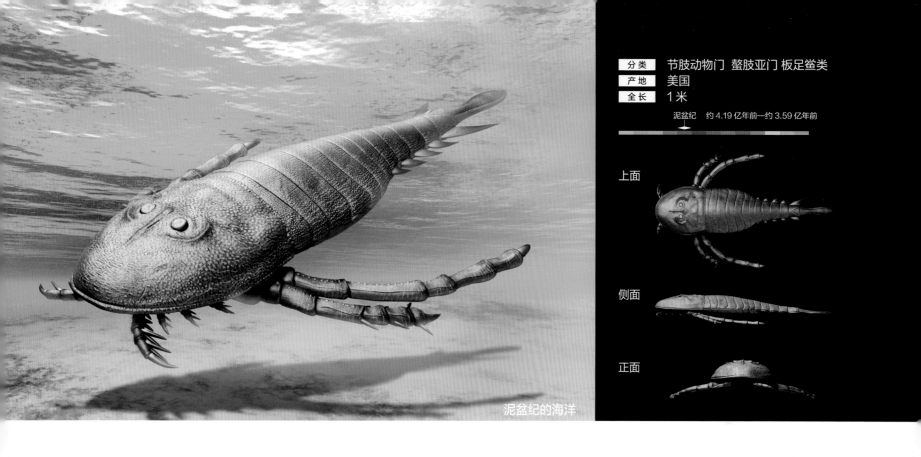

分类	节肢动物门 螯肢亚门 板足鲎类
产地	美国
全长	1 米

泥盆纪　约 4.19 亿年前—约 3.59 亿年前

上面

侧面

正面

泥盆纪的海洋

"我们一早就去滑雪吧！"

爸爸、妈妈和女儿正拿着滑雪板攀登雪山。温柔的晨光照射着兴致勃勃的一家三口，今天真是个玩滑雪板的好天气。

"爸爸，这是什么啊？"

经女儿这么一问，父亲才注意到自己手里拿着的滑雪板上还有个奇特的生物⋯⋯

这个与滑雪板极其匹配的动物名叫崇高霍尔鲎（*Hallipterus excelsior*），属于板足鲎类。在第 92 页，我们已完整地介绍过板足鲎类，但貌似忘了这一种。或许是因为它跟着滑雪板来到了冰雪世界吧。

在古生物史上，崇高霍尔鲎是生存于泥盆纪海洋的板足鲎类。它全长 1 米左右，算是大型物种，但它出现时却没赶上板足鲎类的全盛时期。当时的海洋世界，有颚的鱼类向着大型化方向不断进化，板足鲎类霸主的地位逐渐被取代。

崇高霍尔鲎和板足鲎类相比，有几点不同。它既没有混海鲎长长的伸向前方可以捕获猎物的附肢，也没有阿迪达斯鲎或美国产翼肢鲎适合游泳的前端扁平宽大的附肢。实际上，它到底会不会游泳至今仍是个谜。

123

Weinbergina opitzi

威恩伯吉纳鲎

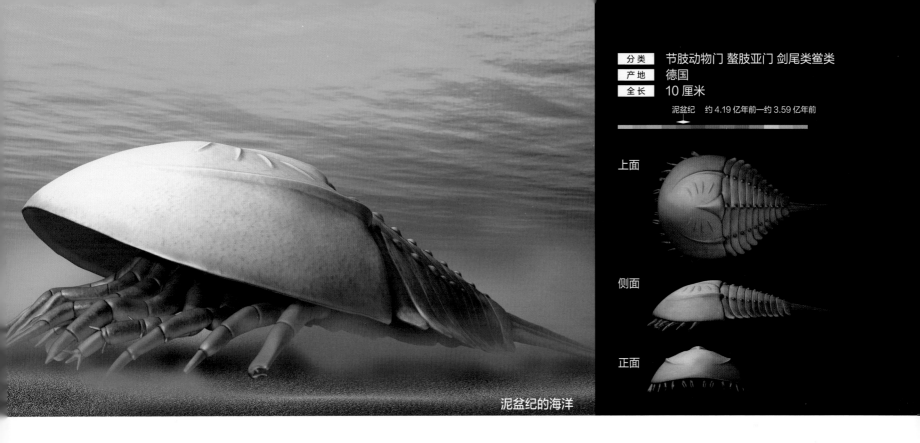

分类	节肢动物门 螯肢亚门 剑尾类鲎类
产地	德国
全长	10 厘米

泥盆纪　约 4.19 亿年前—约 3.59 亿年前

上面

侧面

正面

泥盆纪的海洋

　　据说马蹄铁被视为护身符。不知道剑尾类的威恩伯吉纳鲎（Weinbergina opitzi）是否知道这件事，所以聚集过来了。或者因为形态相似，它们把马蹄铁当成了自己的同类才爬过来了？毕竟，鲎的英文为 Horseshoe crab，意思是"马蹄蟹"。

　　这次聚集过来的威恩伯吉纳鲎和我们熟悉的鲎有点不同。有人可能会认为威恩伯吉纳鲎好像比濑户内海等地的鲎小一点儿。的确，比起甲壳长度达 30 厘米的濑户内海的鲎，威恩伯吉纳鲎要小得多。

　　除了体形外，它们差别最大的地方在于，威恩伯吉纳鲎身体后半部的分节构造。正是因为这点，威恩伯吉纳鲎被归类为剑尾目下的共剑尾亚目。在 70 页介绍的"最古老的鲎"——黎明之新月鲎，看上去像是分节构造，实际上是阶梯状结构。而威恩伯吉纳鲎不同，它的甲壳有明显的分节构造。但是，有无分节会给这些动物带来多大差异，目前我们尚不清楚。

　　属于这些古老鲎类的剑尾类，到现在依然存活着，比如金门沿海的活化石三棘鲎也同属于剑尾类。

Helianthaster rhenanus

莱茵向日葵海星

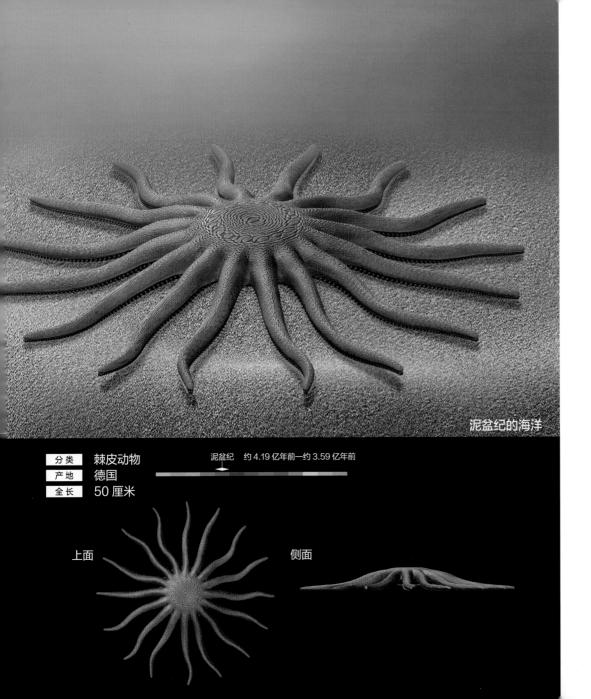

泥盆纪的海洋

分类	棘皮动物
产地	德国
全长	50 厘米

泥盆纪　约 4.19 亿年前—约 3.59 亿年前

上面　　　　　　　　　　　侧面

"喂，我要扔过去喽！"

最近，海边流行扔海星代替飞盘吗？在社交网站上，如果能够漂亮地抛出大个儿海星，会被视为"飞盘"达人。

这样的话，或许莱茵向日葵海星（*Helianthaster rhenanus*）最适合比赛了。毕竟，它最大直径可达 50 厘米以上，是海星史上最大型的。它弯弯曲曲扭动的腕足，共有 16 条。如果你想向周围人展示一下自己的本事，扔海星再合适不过了。

当然，我们"扔海星"的游戏在现实世界并不存在。如果真那样做的话，海星实在太可怜了，还是不要效仿哦！不过，向日葵海星是古生物史上真正存在过的海星，希望您能记住它。

在古生物史上，向日葵海星生存于泥盆纪的德国。在同一海域中生活的还有巴氏辛德汉斯虫（参照 110 页）、六角拟星虫（参照 112 页）以及镰甲鱼（参照 129 页）等。目前发现了很多向日葵海星的同类化石，有的虽不像向日葵海星如此庞大，但直径也超过 20 厘米。放下想把它扔着玩的念头，真的很想亲眼看看它的真实大小。

Drepanaspis gemuendenensis
格明登镰甲鱼

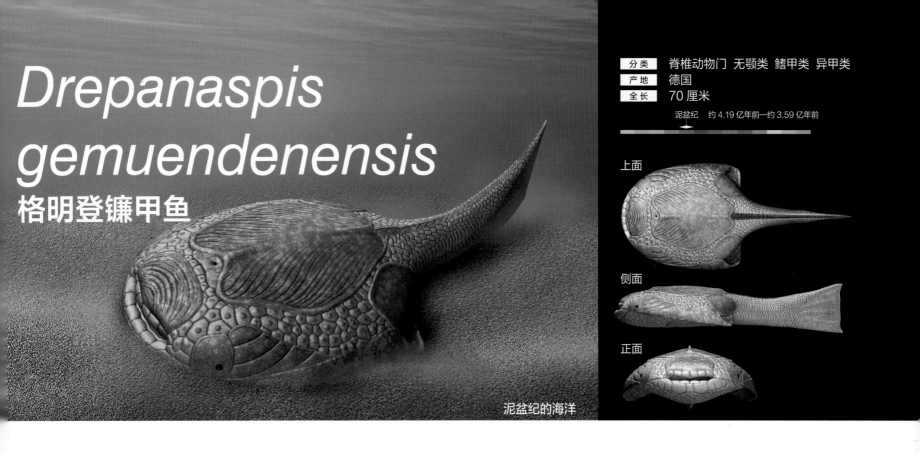

分类	脊椎动物门 无颚类 鳍甲类 异甲类
产地	德国
全长	70 厘米

泥盆纪 约 4.19 亿年前—约 3.59 亿年前

上面

侧面

正面

泥盆纪的海洋

对方发球不错!

握好球拍准备接球,调整自己的重心,确认球的轨道和对手位置。

比赛结果马上就要以此球见分晓了!

女运动员这样想着,根本没有注意到自己手里握的并不是球拍。

她手里拿的是格明登镰甲鱼(*Drepanaspis gemuendenensis*)。不得不说,从外形上看它很像网球拍。它属于无颚类,是无颚鱼的同类。

镰甲鱼的特征是头体扁平宽大,背部和两侧有骨板,骨板周围覆以小骨片。它的头胸部与现存的很多鱼类以及本书中出现的几种已灭绝的鱼类相比,算是"硬壳类"(要是用这坚硬的部分击中球,说不定可以将球打回对方球场)。

镰甲鱼的化石多产于德国泥盆纪的地层。女孩手中握的镰甲鱼属于较大型的个体,其他被发现的化石大多只有它一半大小。

当然了,镰甲鱼早已灭绝,在现实中是绝不会把它错当成球拍。即便是发现了仍存活的镰甲鱼或其化石,也绝不建议你拿它作为球拍使用。

129

Cephalaspis pagei

佩氏头甲鱼

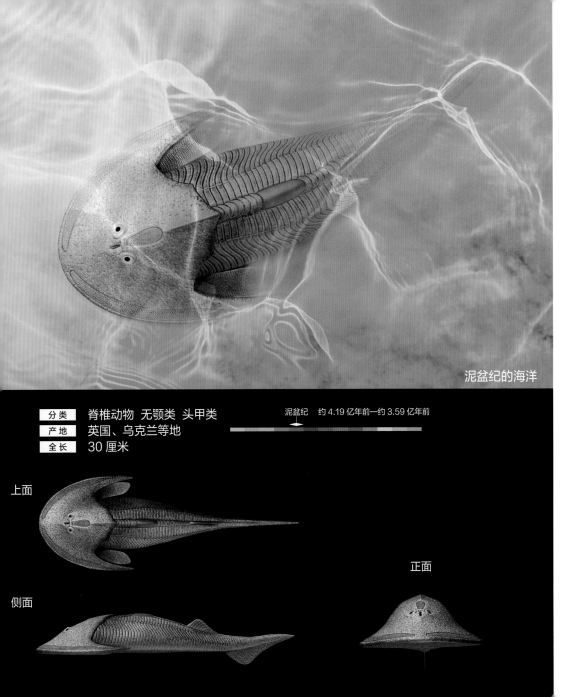

泥盆纪的海洋

分类	脊椎动物 无颌类 头甲类
产地	英国、乌克兰等地
全长	30 厘米

泥盆纪　约 4.19 亿年前—约 3.59 亿年前

上面

侧面

正面

正准备穿拖鞋，突然发现旁边有两只不认识的动物。它们安静地趴在那儿，很像一双拖鞋。如您所见，这种动物是不能拿来"穿"的……

这种酷似拖鞋的动物，或许是佩氏头甲鱼（Cephalaspis pagei）。之所以不确定，是因为与头甲鱼形态相似的动物种类繁多，包括近缘种在内共有 60 属 214 种，因此很难辨别。甚至有人指出，佩氏头甲鱼可能属于另一类！所以，请原谅我只能将它视为"头甲鱼的同类"进行说明。

头甲鱼属于无颌类，也就是鱼的同类。真正的头甲鱼，并不能在犀甲来回走动。身体底面如拖鞋一样平摊，眼睛几乎朝向正上方，从这些特征可以推测，它应该是在海底附近游动。它是少数被研究脑部结构的灭绝无颌类之一，研究发现它的平衡感很差。因此可以推测，比起三维的海洋，它更适合生活在二维的海底。

在它头部外缘或是被称为"额"的部分，在质感有些不同的地方可能神经比较发达，这可能是头甲鱼的感觉器官。

Bothriolepis canadensis

加拿大沟鳞鱼

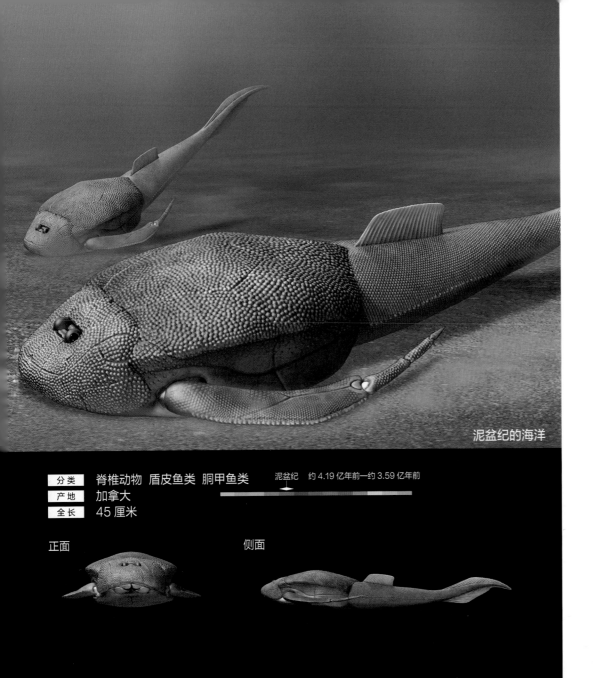

泥盆纪的海洋

一只陌生的动物正守在小提琴旁，它的个头比小提琴稍小。它表面粗糙坚硬的质地，看上去很容易拿起来，当然它肯定演奏不出小提琴般的音色。这种动物名叫加拿大沟鳞鱼（*Bothriolepis canadensis*），属于早已灭绝的盾皮鱼类。

沟鳞鱼头部和躯干覆以骨甲，是典型的盾皮鱼类。它的典型特征是躯甲两侧伸出可称为胸鳍或附肢的结构，并且这种胸鳍也覆以骨甲。

在古生物史上，沟鳞鱼出现在泥盆纪前期，是极具多样化、品种繁盛的鱼类，被称为"最成功的盾皮鱼类"。除加拿大沟鳞鱼外，还发现了其他 100 多种的沟鳞鱼。根据种类不同，胸甲的构造和体形大小也不同，其中还有全长超过 1 米的沟鳞鱼。

真正的沟鳞鱼是鱼类，是水生动物。不过，有人认为它可以用肺呼吸，或利用胸鳍在地上行走。此外，还有人认为沟鳞鱼亲缘关系很近的物种之间可以体内受精。总之，关于沟鳞鱼的话题争议不断！

分类	脊椎动物 盾皮鱼类 胴甲鱼类
产地	加拿大
全长	45 厘米

泥盆纪　约 4.19 亿年前—约 3.59 亿年前

正面　　　　　　　　侧面

*Dunkleosteus
terrelli*

泰雷尔邓氏鱼

泥盆纪的海洋

分类	脊椎动物 盾皮鱼类 节颈鱼类
产地	摩洛哥、美国
全长	6米或8米或10米？

泥盆纪　约4.19亿年前—约3.59亿年前

正面　　　　　侧面

"感谢大家今天参加我们的'乘游艇观邓氏鱼之旅'。大家快看，现在正要探出头来的就是泰雷尔邓氏鱼（*Dunkleosteus terrelli*）。我们今天太幸运啦，这场面真是难得一见啊！但是，千万不要把身体探出船外。邓氏鱼是超级凶猛的肉食性鱼类，它像骨板的牙能将人体直接咬成两半！如果发生这种状况，我们也爱莫能助。再重复一遍，请务必不要将身体探出船外……"

泰雷尔邓氏鱼十分凶猛，连同类也会毫不留情地吃掉。它的咬合力超强，大白鲨都比不过它。若是参加"邓氏鱼参观旅游"，就像上述广播提到的那样，要提前做好思想准备。

关于古生物史上的邓氏鱼，虽然发现了长度超过1米的巨大的头胸部化石，但胸部以下的躯体长什么样我们不得而知。因此，可以推测其全长可能为6米、8米或10米。即便取最小值6米，邓氏鱼也是古生代最大型的鱼类。在泥盆纪后期，它曾称霸海洋世界，如今作为盾皮鱼家族的代表性鱼类被广为人知。

135

Cladoselache
fyleri

费氏裂口鲨

分类	脊椎动物 软骨鱼类
产地	美国
全长	2 米

泥盆纪 约 4.19 亿年前—约 3.59 亿年前

上面

侧面

泥盆纪的海洋

　　"喂，快看快看！有一条形状奇特的鲨鱼游过来啦！"男孩兴奋地喊道。

　　男孩指着水箱里正在游动的两条鲨鱼。这条大的是现存物种沙虎鲨，比沙虎鲨更靠近水面的是费氏裂口鲨（*Cladoselache fyleri*）。它与沙虎鲨为代表的鲨类同属于软骨鱼纲，是目前已知的最古老的鲨鱼。

　　将沙虎鲨与裂口鲨比较，首先会注意到它们身体轮廓的差异，其中最大的不同是嘴巴的位置。沙虎鲨的嘴巴位于吻部下方，而裂口鲨的嘴巴位于吻部前端。它们的鱼鳍都是流线型，这点倒是相似。

　　尽管裂口鲨不如沙虎鲨敏捷灵活，但也毫不逊色。它能迅速向上游、灵活转换方向，并能紧急"刹车"。

　　据说，最大的裂口鲨长达 2 米。即便和沙虎鲨相比，也不难看出裂口鲨巨大的体形。在古生物史上，特别是在裂口鲨生存的泥盆纪，它的体形可以说相当出众。

Miguashaia bureaui

布氏米瓜莎鱼

分类	脊椎动物 肉鳍鱼类 腔棘鱼类
产地	加拿大
全长	40 厘米

泥盆纪 约 4.19 亿年前—约 3.59 亿年前

侧面

正面

泥盆纪的湖泊

"刚收到一条非常珍稀的鱼，要不试试做料理？"

这条鱼是从加拿大运过来的布氏米瓜莎鱼（*Miguashaia bureaui*），它是腔棘鱼的同类。说起腔棘鱼，广为人知的是生存于印度尼西亚苏拉威西岛近海及非洲东海岸的矛尾鱼。米瓜莎鱼与矛尾鱼相比，背鳍少了一片，背鳍的形状也不同。

与全长几米的矛尾鱼相比，米瓜莎鱼相当小，可以整条放在平底锅里烹饪。

据说矛尾鱼有恶臭味，根本不能吃。哎呀，这条米瓜莎鱼味道会怎么样呢？

在古生物史上，米瓜莎鱼作为最早期的腔棘鱼被熟知。矛尾鱼是海栖鱼类，而米瓜莎鱼生活在淡水环境中。除加拿大发现的米瓜莎鱼外，拉脱维亚也发现了同属异种的鱼类化石。

啊，不可以，绝对不可以！这可不是专门给你准备的食物，不能吃哟！哎呀，真是拿你没办法！那就切一块送给你吧，等一下喔！

Eusthenopteron foordi
福氏真掌鳍鱼

分类	脊椎动物 肉鳍鱼类
产地	加拿大
全长	1米

泥盆纪 约4.19亿年前—约3.59亿年前

上面

侧面

正面

泥盆纪的海洋

孩子们正在水池边玩耍，突然游来一条珍奇的鱼，显然它不是鲤鱼。孩子们趣味十足地看着它鱼雷般细长的身体。

这种鱼叫作福氏真掌鳍鱼（*Eusthenopteron foordi*），属于肉鳍鱼类。肉鳍鱼类中最有名的，非腔棘鱼莫属。

但是，真掌鳍鱼在重要程度上绝不亚于腔棘鱼。在古生物史上，它们生存的泥盆纪时代，

是最早确认有陆地四足动物（脊椎动物登陆）的时代。而成为陆地四足动物诞生"基点"的肉鳍鱼便是真掌鳍鱼。

如果只看外形，真掌鳍鱼和其他鱼类差不多，但它鳍的内部构造却和以往鱼类大不相同。真掌鳍鱼的鳍上有肱骨、桡骨以及尺骨等，这些正是构成陆地四足动物前肢的骨骼。也就是说，真掌鳍鱼是鱼鳍中具有手臂构造的鱼。只不过，

这些骨骼无法像前肢那样活动，比如俯卧撑它就做不了。

真掌鳍鱼的另一个特征是，它的脊柱一直笔直地延伸至尾部顶端附近，这是蜥蜴等有尾巴的爬行动物的共同特征。所以说，真掌鳍鱼应该就是陆地四足动物即将诞生前的形态吧！

Hyneria Lindae

琳连海纳鱼

泥盆纪的河川

分类	脊椎动物 肉鳍鱼类
产地	美国
全长	4米

泥盆纪　约4.19亿年前—约3.59亿年前

侧面

正面

　　女孩正在享受潜泳之乐时，突然发现一条巨型大鱼优哉游哉地游着。它有一对肉质胸鳍，以及上下对称的尾鳍，这种形态的鱼之前好像见过。啊，想起来了！这是小时候在池塘边见到的真掌鳍鱼！

　　不过，那时看到的真掌鳍鱼可没有这么大。可能是因为自己长大了，总觉得小时候见到的鱼更小一些，至少不是这样的庞然大物。

　　它当然不是真掌鳍鱼啦，只是长得很像而已，它名叫琳连海纳鱼（*Hyneria Lindae*），是全长4米的巨型肉鳍鱼。

　　在古生物史上，海纳鱼生存于泥盆纪的河川。从它占绝对优势的巨型身躯来看，它应该处于河川生态系统的顶端或最高等级。

　　但是，关于海纳鱼仍有许多未解之谜。至今尚未发现可以了解其全身形态的化石。不过，仅仅在化石中发现的鳞片，就长5厘米、宽6厘米，显而易见它是巨型的大鱼。

　　肉鳍鱼类是历史悠久的类群之一，在泥盆纪时代，已经发展出一定的多样性。

Panderichthys rhombolepis

菱鳞潘氏鱼

泥盆纪的海洋

"呀，快看快看，有一条鱼！"

女孩撑着雨伞，在观察一条活蹦乱跳的鱼。泥巴溅了她一身，可她一点也不在意。

我们先来看看这条鱼。与现代鱼相比，是不是感觉它有点儿怪？是的，这条鱼没有背鳍。

这条鱼名叫菱鳞潘氏鱼（*Panderichthys rhombolepis*），与第140页介绍的真掌鳍鱼一样，属于肉鳍鱼类。

尽管它属于肉鳍鱼类，但与现存的腔棘鱼以及真掌鳍鱼相比，潘氏鱼的外形、轮廓都与它们截然不同。真掌鳍鱼的身体像其他鱼类那样纵向扁平，而潘氏鱼的身体像鳄鱼一样横向扁平，它的头部尤其扁平，两只眼睛位于背部一侧。这一特征与鳄鱼相似，最适合将面部的一部分露出水面窥探四周。

潘氏鱼不仅没有背鳍，也没有腹鳍，但它的胸鳍中却有腕骨和指骨。它的指骨没有关节，所以不能发挥"手"的功能。也就是说，它不能在陆地上行走。如果你在路边发现活蹦乱跳的潘氏鱼，请把它放回附近的湖泊或河川里！

分类	脊椎动物门 肉鳍鱼纲
产地	拉脱维亚、俄罗斯
全长	1米

泥盆纪　约4.19亿年前—约3.59亿年前

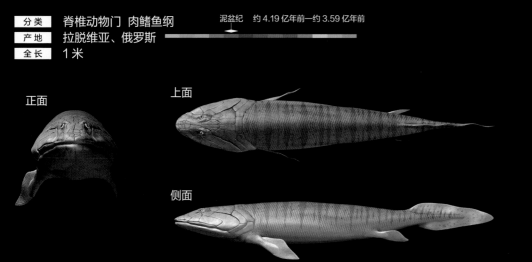

正面

上面

侧面

Tiktaalik roseae

罗氏提塔利克鱼

泥盆纪的水陆

在旭日东升的沙滩上，女孩和一只巨型动物一起晨练……它前脚撑地，像女孩一样做出俯卧撑的姿势。看它的表情俨然像是一只爬行动物，仔细看却发现它的尾巴上有鳍。这么说来，难道它是一条鱼？

这只动物名叫罗氏提塔利克鱼（*Tiktaalik roseae*），是肉鳍鱼类的一种。它的的确确是一条鱼，看上去像"前脚"的实际上是胸鳍，"后脚"是腹鳍。

提塔利克鱼与第 144 页介绍的潘氏鱼一样，身体都像鳄鱼般扁平，并且胸鳍中有相当于四足动物上臂、前臂和手腕的骨骼，这些骨骼之间都有关节，可以灵活活动。此外，它的肩膀还有骨骼，拥有强壮的胸肌，这些特征说明提塔利克鱼是可以做俯卧撑的！

在古生物史上，提塔利克鱼是首个"能做俯卧撑的鱼"。在提塔利克鱼出现之前的鱼，即使鳍中有腕骨，也无法进行有效的活动。据说，在提塔利克鱼出现后不久，四足动物就出现了。

图中的潘氏鱼已经完全登陆，事实上是否果真如此，尚不能确定。

分类	脊椎动物 肉鳍鱼纲
产地	加拿大
全长	2.7 米

泥盆纪　约 4.19 亿年前—约 3.59 亿年前

正面

上面

侧面

Acanthostega gunnari

古氏棘螈

分类	脊椎动物 肉鳍鱼类 两栖类
产地	格陵兰岛
全长	60 厘米

泥盆纪　约 4.19 亿年前—约 3.59 亿年前

上面

侧面

正面

泥盆纪的海洋

　　刚准备工作，棘螈们就围了过来，这应该是饲养远古四足动物的爱好者们共同的烦恼吧！它们特别喜欢森林等风景，对电脑画面上的照片似乎很感兴趣，所以建议把显示器画面切换为大海的照片。如果一切顺利，说不定它们会乖乖回到水槽里呢！不妨试试看吧。

　　在古生物史上，古氏棘螈（Acanthostega gunnari）出现于泥盆纪晚期，是生命史上最早的陆地四足动物。虽然是脊椎动物，但它到底属于肉鳍鱼类还是两栖类尚不确定。不过，它有明显的四足构造，而且每只脚上长有八根脚趾。

　　虽然棘螈拥有四肢，但在很早之前就被认定其四肢不够强壮。因此，不少人认为它或许无法对抗重力，支撑身体在陆地上行走。所以，假设棘螈穿越近 4 亿年的时间出现在现代，只要你在陆地上工作，它应该不会来打扰你。

　　一般认为，棘螈全长为 60 厘米左右。但 2016 年发布的最新研究报告指出，已发现的棘螈化石全部是幼体。因此，成熟的棘螈究竟有多大，变成什么形态？目前尚不知晓。

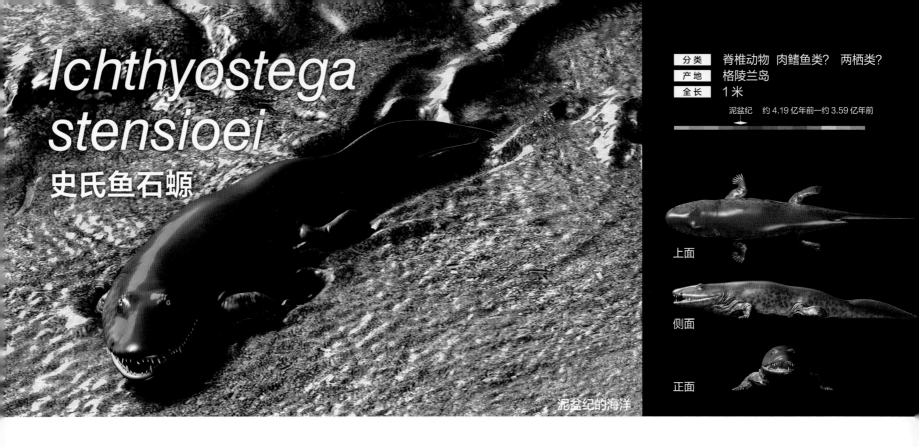

Ichthyostega stensioei
史氏鱼石螈

分类	脊椎动物 肉鳍鱼类? 两栖类?
产地	格陵兰岛
全长	1米

泥盆纪　约4.19亿年前—约3.59亿年前

上面

侧面

正面

泥盆纪的海洋

"欢迎光临。"在一间颇有格调的日式客厅，端庄的艺伎正在迎接客人的到来……咦？不止有艺伎，旁边还有一个表情可怕的陌生动物。

这种动物名叫史氏鱼石螈（Ichthyostega stensioei），是一种兼有肉鳍鱼类和两栖类特征的脊椎动物。它拥有强壮的四肢，嘴里长满尖锐的牙齿。和第148页的棘螈相比，鱼石螈的体形绝对碾轧前者，恐怕很难像棘螈一样被放在桌子

上！说实话，真想知道旁边面露微笑的艺伎心里是怎么想的。

不过，我们也没有必要对鱼石螈心存戒心。虽然它们满口利齿，但并不擅长在陆地上行走。尽管它拥有健壮的四肢、结实的肋骨，能够抵抗重力，用四肢支撑起躯体在地面上爬行，但动作会受到很大的限制，尤其不擅长扭动身体行走。

在古生物史上，鱼石螈和棘螈是同时代的动物，它虽然不是最初的四足动物，却是最早登上陆地的四足动物。由于它有一条大大的尾鳍，所以有人认为鱼石螈主要以在水中生活为主。迄今为止，虽然已发现多个鱼石螈的化石，但未找到它的前肢，所以并不确定它长有几个脚趾。

Archaeopteris obtusa
古羊齿

泥盆纪的陆地

分类	蕨类植物门 前裸子植物亚纲
产地	加拿大
全长	10 米余

京都不愧为古都，街道上的房屋鳞次栉比，拥有悠久历史的古树随处可见。特别是还能看到古羊齿类植物，这在世界上绝无仅有。古羊齿出现于泥盆纪中期，是植物史上最早期的树木之一。古羊齿属分为很多种，图中的古羊齿（Archaeopteris obtusa）是在加拿大发现的化石。

据说古羊齿属的树干直径均超过 1 米，高度可达 10 米（也有的高达 20 米）。也就是说，京都街上的这些古树，是地球史上最早期森林的树木。所以，有机会你一定要去京都看一看！

在古生物史上，古羊齿在石炭纪就已经灭绝，在现今的京都当然是看不到的。古羊齿所属的前裸子植物类群早已灭绝。但是，古羊齿开启的"陆地森林史"却自此一直延续下去。泥盆纪之后，地球上的森林成为了地面上的主角。如果从宇宙观看我们的星球，真正出现"绿色"，正是从古羊齿出现时开始的。

石炭纪 Carboniferous *period*

昆虫和大森林的时代终于到来了！这就是始于约3.59亿年前的古生代的第五个时代——石炭纪。从这个时代开始，陆地世界生命进化的故事才真正开始。

这一时代脊椎动物虽已成功登上陆地，但还没有形成强大的"势力"。这个时代比较繁盛的是节肢动物，在没有天敌的陆地上，它们向着大型化演化。

用"大森林"来形容石炭纪的森林绝不夸张。连"巨树"一词都难以形容的参天大树，在世界各地繁茂地生长着。这些树木如今成为支撑人类产业革命的煤炭原料，因此这一时代被称为"石炭纪"。

Arthropleura armata

远古蜈蚣虫

石炭纪的森林

分类	节肢动物 多足类
产地	美国、加拿大、法国等
全长	2 米

石炭纪　约 3.59 亿年前—约 2.99 亿年前

侧面

过人行横道时，迎面爬来一只奇怪的家伙。它身躯巨大扁长，有很多对足来回活动，看着让人心里有些害怕。这家伙名叫远古蜈蚣虫（*Arthropleura armata*），是古生物史上最大的陆地节肢动物。相较于水栖动物，2 米级别的节肢动物也极为罕见。它属于多足类，也就是说，它与蜈蚣是同类。

节胸属分为很多种。其中体形最长的，全长可超过 2 米，脚（附肢）的总数多达 30 对 60 只。如果你害怕有很多只脚来回不停活动的动物，还是不要靠近它。远古蜈蚣虫是植食性动物，所以如果它不是饥肠辘辘，应该不会攻击人类。需要注意，由于远古蜈蚣虫体形扁平，千万别不小心踩了它。至于它被踩后的反击，我可无法保证。

为什么会出现身体这么大的陆地节肢动物，而之后却再没有出现呢？

在古生物史上，远古蜈蚣虫生存的古生代石炭纪，不只是在地上到处爬行的远古蜈蚣虫，就连在空中飞行的昆虫中，体形都巨大无比。它们之所以能成为"巨型动物"，应该与植物巨型化后的气候有关，再加上当时陆地上很少有成为它们天敌的大型脊椎动物。

Meganeura monyi

莫氏巨脉蜻蜓

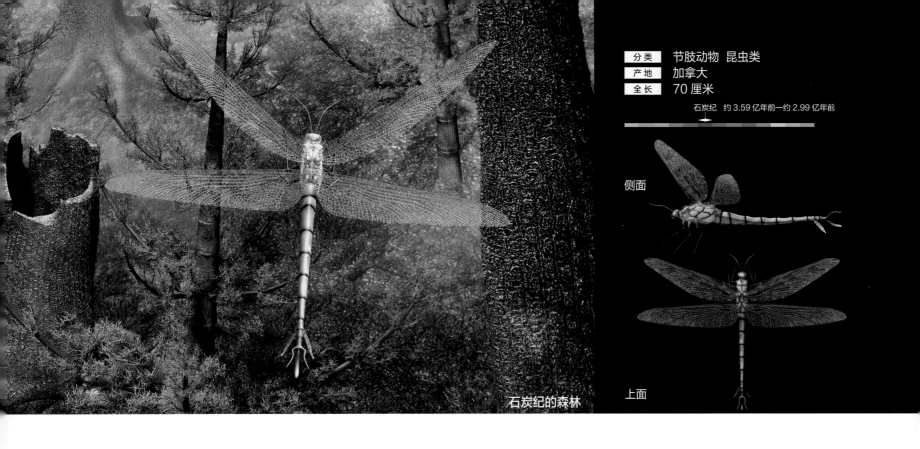

分类	节肢动物 昆虫类
产地	加拿大
全长	70 厘米

石炭纪 约 3.59 亿年前—约 2.99 亿年前

侧面

上面

石炭纪的森林

想要捕捉昆虫的小女孩呆住了。因为她眼前的这只蜻蜓实在是太大了！很可惜，小女孩手中的网无法捕捉这只蜻蜓，这只蜻蜓名字叫作莫氏巨脉蜻蜓（*Meganeura monyi*）。

巨脉蜻蜓的翅膀展开宽可达 70 厘米，是目前已知最大的昆虫。在古生物史上，它只存活于石炭纪。关于巨脉蜻蜓的体形巨大的原因，有几种假说。

其中一种假说认为，当时大气中的氧气浓度比现在高。氧气浓度越高，动物越容易大型化。另外，也有人认为空气"黏性"高，对飞行动物来说，浮力较大。

没有天敌对它们来说是一件幸运的事。在石炭纪时期，虽然脊椎动物已经登上陆地，但它们主要在靠近水边的陆地上活动。有些种类能在树上生活，但屈指可数。最重要的是，当时在天空中飞翔的动物，别说是鸟类，就连翼龙类都没出现。在没有天敌的天空中，自然也就没有东西妨碍它们大型化。

巨脉蜻蜓虽说是"蜻蜓"，但它们和现在地球上的蜻蜓有所不同，另属于"原蜻蜓目"类群。这个类群现今早已灭绝，没有留下任何后代。

Akmonistion zangerli

阿卡蒙利鲨

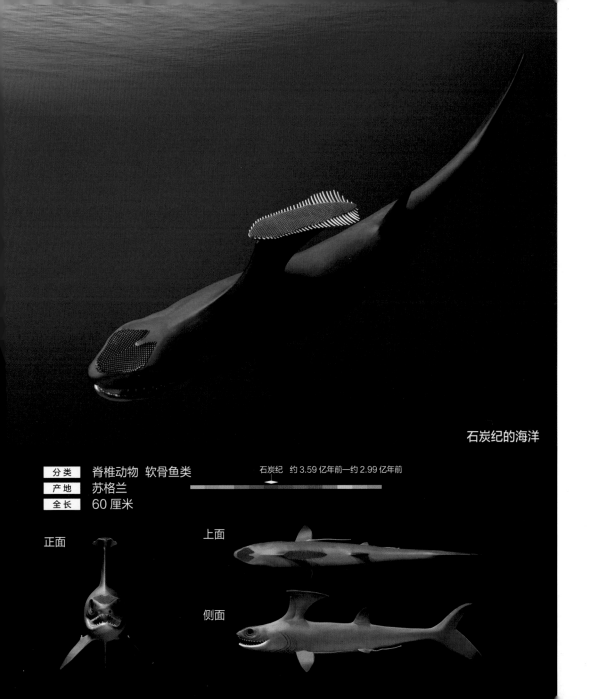

石炭纪的海洋

分类	脊椎动物 软骨鱼类
产地	苏格兰
全长	60 厘米

石炭纪 约 3.59 亿年前—约 2.99 亿年前

正面

上面

侧面

刚要兴奋地喊"钓到鱼啦",小男孩又惊讶道:"咦？这是什么东西呀！"看来，小男孩从未钓到过阿卡蒙利鲨（*Akmonistion zangerli*）。他父亲却露出满意的笑容，或许这条鱼正是他所期待的。

阿卡蒙利鲨属于软骨鱼类，简单来说，它是鲨鱼的同类。软骨鱼类一般细分为板鳃类和全头类。鲨鱼和鳐鱼属于板鳃类，而阿卡蒙利鲨属于全头类（黑线银鲛的同类）。

阿卡蒙利鲨最明显的特征是它形状奇特的"第一背鳍"。它的背鳍又高又大，顶部向水平方向延伸。乍一看，"第一背鳍"似乎很容易抓住，但要特别注意它的顶部，因为上面密密麻麻地分布着许多细刺。如果粗心大意地用手直接触碰，说不定会受伤。阿卡蒙利鲨的头顶上也布满了细刺，所以要格外小心哦。抓它的时候，还是从下面牢牢抓住鳃附近的部位比较好。当然，孩子自己抓它太危险啦，需要大人在一旁帮忙。

在古生物史上，阿卡蒙利鲨生存于古生代石炭纪的苏格兰一带。软骨鱼类在石炭纪呈多样化发展，在这一时代，出现了大大小小、形态各异的软骨鱼，它们在世界各地繁荣发展。阿卡蒙利鲨是这些软骨鱼类中极具代表性的一种。

Falcatus falcatus

镰鳍鲨

分类	脊椎动物 软骨鱼类
产地	美国
全长	20 厘米

石炭纪 约 3.59 亿年前—约 2.99 亿年前

雄 正面　雄 侧面

雌 正面　雌 侧面

石炭纪的海洋

"快看快看，有条奇特的小鱼哟！"

可爱的小女孩用手指着水箱，旁边的爸爸妈妈面带微笑地看着她，画面真是温馨呀！

不过，父母最好看一下水箱，因为里面确实有条奇特的鱼，这条鱼名叫镰鳍鲨（Falcatus falcatus）。它和鲨鱼一样，属于软骨鱼类。

镰鳍鲨最奇特的地方在于它的头部，头部后方向上伸出一个突起，突起中途弯向前方延伸。第 160 页介绍的阿卡蒙利鲨也是非常奇特的软骨鱼类，镰鳍鲨与其相比毫不逊色。

有人指出，也许雄性镰鳍鲨是利用这个突起来吸引雌性。

此外，有资料指出，阿卡蒙利鲨和镰鳍鲨拥有的"特殊结构"，只存在于性成熟的个体中。

也就是说，它们的"特殊结构"被视为成熟雄性的证明。

突起真的是用来吸引异性吗？不知是不是因为这个原因，水箱中一条没有突起的镰鳍鲨（认为是雌性）向它靠了过来。或许是被它成功吸引了吧。

163

Crassigyrinus scoticus

苏格兰厚蛙螈

石炭纪的湖泊

分类	脊椎动物 两栖类
产地	英国
全长	2 米

石炭纪 约 3.59 亿年前—约 2.99 亿年前

上面

侧面

正面

水族馆的海豚表演团队中，加入了一个新伙伴。这个和海豚体形相似的新成员，名字叫作苏格兰厚蛙螈（*Crassigyrinus scoticus*）。

厚蛙螈长相特别，身形奇异。如果不考虑它全长 2 米，或许可以说它"形似海鳝"。不过，海鳝吻部细长尖利，而厚蛙螈吻部钝圆。

如果仔细观察它的脸，你可能会觉得有点可爱。大大的眼睛，大大的嘴，它看起来实在滑稽有趣，这长相应该会受到小朋友们的喜爱。

不过，对饲养员来说，训练它可是冒着生命危险啊！毕竟，它大大的嘴里长满尖锐的牙齿，还有好多颗可以用"獠牙"来形容的大牙齿，它可是危险至极的动物！

仔细观察你便会发现，除吻部之外，它们之间还存在决定性差异。那就是厚蛙螈拥有四肢，虽然很小。它短小的四肢到底有何作用我们并不清楚，显而易见仅靠这短小的四肢并不能支撑它行走。顺便提一下，厚蛙螈属于两栖类，现如今早已灭绝，全世界任何一个水族馆中你都不可能见到它！

Pederpes finneyae

芬氏彼得普斯螈

分类	脊椎动物 两栖类
产地	英国
全长	1 米

石炭纪 约 3.59 亿年前—约 2.99 亿年前

正面

侧面

石炭纪的水陆

"大集合啦！"如果看到这幅景象，你不禁发出这种赞叹，那可以说你是行家。

最左边的是肉鳍鱼类的❶真掌鳍鱼，中间靠后的是肉鳍鱼类的❷潘氏鱼，右方石堆前的是肉鳍鱼类的❸提塔利克鱼，然后右前方是两栖类的❹棘螈，中间靠前的趴在岩石上的是两栖类的❺鱼石螈，然后站在左边高高的岩石上的是两栖类的❻芬氏彼得普斯螈（*Pederpes finneyae*）。

按顺时针顺序介绍它们，自然是有理由的，这个顺序就是脊椎动物登上陆地的演化历程。它们分别是各个阶段中最具代表性的动物。最后介绍的芬氏彼得普斯螈，它作为古生物史上最早能在陆地上到处行走的动物被广为人知。它四肢的趾笔直地伸向前方，使快速行走成为可能。

这张图呈现了脊椎动物演化历程的大集合，

当然这种景象在现实世界中是不可能发生的。这里列举的六种动物，生存地点相同的只有棘螈和鱼石螈。其他四种动物的生存地点分别在现在不同的国家。而且，在古生物史上，从作为起点的真掌鳍鱼到最终的彼得普斯螈，其间历经约2000万年的时间。

尽管如此，如果你有机会亲眼目睹这一场景，一定不要忘记拍照哦。

Hylonomus lyelli

雷氏林蜥

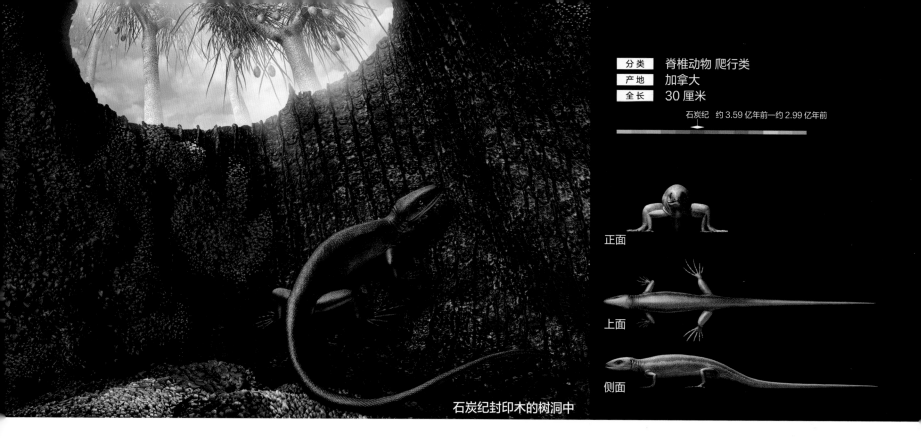

分类	脊椎动物 爬行类
产地	加拿大
全长	30 厘米

石炭纪　约 3.59 亿年前—约 2.99 亿年前

正面

上面

侧面

石炭纪封印木的树洞中

正伸手想要拿木桶……竟然有什么东西在里面!

啊,是蜥蜴!你这么想也在情理之中。从外表来看,它和现代的蜥蜴简直一模一样,这种动物叫作雷氏林蜥(*Hylonomus lyelli*)。

在古生物史上,雷氏林蜥作为最早期的爬行动物而闻名。在雷氏林蜥出现的大约 3.7 亿年前(泥盆纪后期),脊椎动物开始正式登上陆地。在此之前,脊椎动物几乎全都生活在水中,自此之后,它们才开始在陆地上活动。虽说在陆地上活动,但早期的陆地脊椎动物只是在水边活动。因为它们的卵没有壳,处于裸露的状态,极不耐干燥,所以必须在水中产卵。

从这点来看,出现于石炭纪的雷氏林蜥安心多了。虽然并未发现雷氏林蜥的卵,但它应该可以产下带壳的卵。在雷氏林蜥出现后,脊椎动物已经可以离开水边活动了。从这层意义上来说,雷氏林蜥可以说是里程碑式的代表性生物。

雷氏林蜥的化石被发现于封印木(参照 173页)的树洞中,所以有人指出它们可能以树洞为巢。或许正是因为这一点,它们才会对现代的木桶有亲切感。不过,其化石也有可能是因为雷氏林蜥掉到树洞里被困住而形成的。

169

Tullimonstrum gregarium

塔利怪物

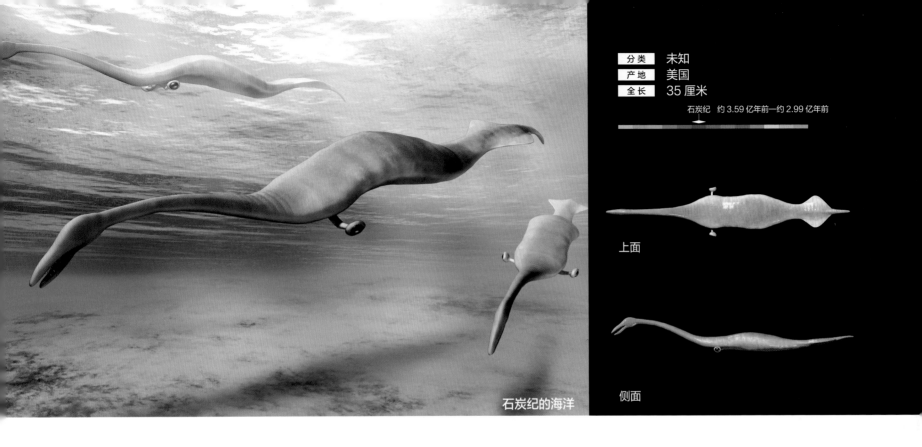

石炭纪　约 3.59 亿年前—约 2.99 亿年前

上面

侧面

石炭纪的海洋

　　"怎么样？今天可都是超新鲜的海鲜哦！这个乌贼，直接切开就可以吃！塔利怪物（Tullimonstrum gregarium）也是，正是时令食物哦！今天就一起都带上吧！什么？你不知道塔利怪物吗？在伊利诺伊州一带，它很有名的喔。和乌贼一起吃超级美味……"

　　塔利怪物的化石被认为是美国伊利诺伊州的"州化石"。它被发现于伊利诺伊州最大的城市芝加哥的近郊。它的整个身体扁平细长，身体一端呈细长的软管状，在顶端有一个剪刀状构造，另一端有鳍。它的眼睛十分有趣，从身体上伸出两根眼柄，眼睛就长在上面。

　　塔利怪物是水生动物，除此之外我们对它一无所知。自 1966 年公布了关于其化石的相关信息，之后很长一段时间里，人们都不知道该把它归为哪类。这样看来，果真是个怪物呢。顺便说

一下，塔利怪物中的"塔利"来自于它的发现者的名字——弗朗西斯·塔利（Francis Tuuy）。

　　2016 年有论文指出，塔利怪物实际上是鱼的同类（无颚类）。不过，在 2017 年有论文否定了这种说法。关于塔利怪物至今仍是个谜团，它的复原图是否准确也不敢保证。

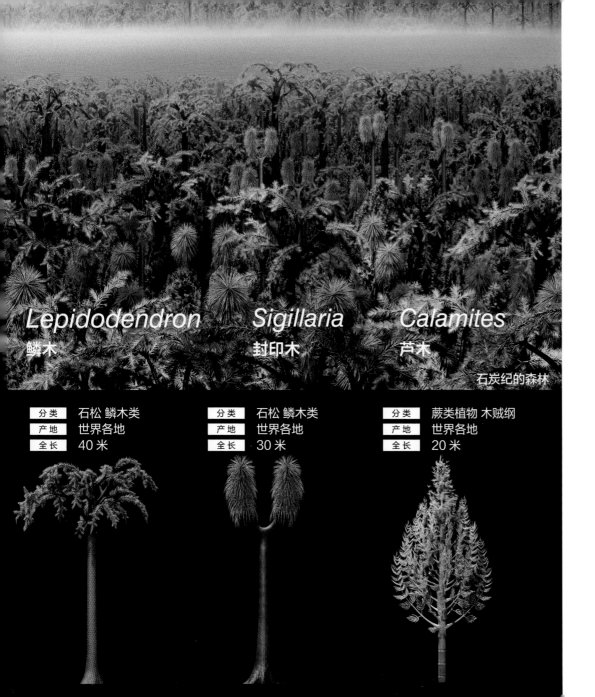

Lepidodendron
鳞木

Sigillaria
封印木

Calamites
芦木

石炭纪的森林

分类	石松 鳞木类
产地	世界各地
全长	40 米

分类	石松 鳞木类
产地	世界各地
全长	30 米

分类	蕨类植物 木贼纲
产地	世界各地
全长	20 米

据说种植行道树可有效缓解城市高温化的热岛现象。"既然要种植就多多益善嘛",远东的大城市努力实现城市森林化,让远古时代的树木也复活。

就这样一棵棵古树在大城市里复苏,它们比想象中还要高大。这些古树自高而低分别是鳞木(*Lepidodendron*)、封印木(*Sigillaria*)和芦木(*Calamites*)。由于它们各自的茎叶分别与"鱼鳞""装订好文件时的封印""芦苇"相似,故而命名为"鳞木""封印木"和"芦木"。在石炭纪时代,这三种植物在世界各地繁茂地生长着。

鳞木、封印木和石松是同类,而芦木和木贼属于一类。现在的石松高度只有 20 厘米左右,木贼只有 80 厘米左右,但石炭纪的这三种植物,与现代的树木相比,简直是大到出奇的巨型树木。

在石炭纪,由这些植物构成的大森林,之后成为支撑人类工业革命的燃料——煤炭。大都市复活巨型植物的计划,日后还可以期待这些植物变成煤炭,成为将来的资源(不过,目前人们并没有担忧煤炭储藏量)。

话说回来,这个规划,听起来是不是挺有趣?

二叠纪 *Permian period*

合弓类动物形成一大势力，开始向哺乳类演化。古生代终于进入最后一个时代，从大约2.99亿年前开始，持续至2.52亿年前为止，这一时代被称为二叠纪。

从寒武纪初开始，历经近3亿年的岁月，不管是陆地或海洋，各种各样的动物数不胜数。脊椎动物终于开始在空中飞翔，而之后演化为哺乳类的合弓类也迎来了繁盛时代。

翻开本章之前，请务必先快速地翻阅本书前几页，然后再看本章。历经漫长的岁月，生命的体形大小发生了怎样的变化呢？对比一下，想必您就能真实感受到差异！

Sikamaia akasakaensis

赤坂鹿间贝

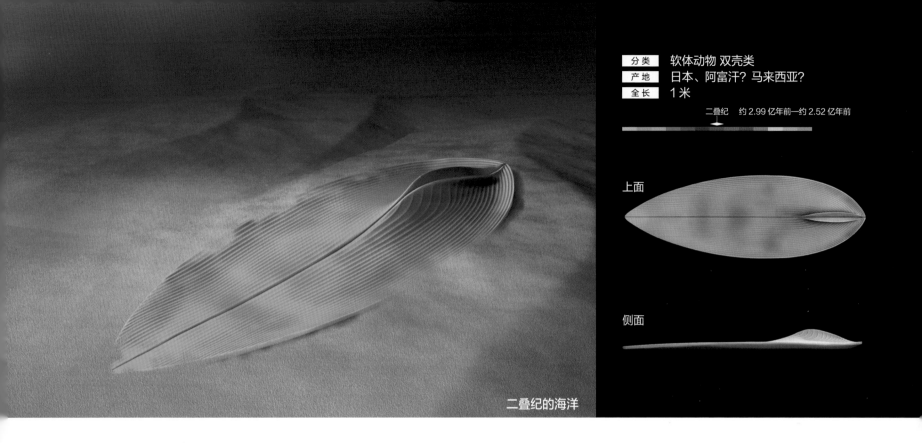

二叠纪的海洋

正悠闲地划着皮划艇在森林中前行，突然一个奇怪的不明物体浮出水面。它不像小船，也不是大型树叶，那究竟是什么呢？

这个奇怪的物体实际上是赤坂鹿间贝（Sikamaia akasakaensis），估计您也能猜出它是双壳贝。赤坂鹿间贝全长超过1米，是古生物史上最大的双壳贝。

它的身体前后扁平，壳的前半部分略微凹陷，后半部稍稍隆起，这种形状构造与心鸟蛤有些相似。

事实上，人们对赤坂鹿间贝的整体形态并不是十分了解。我们只能在石灰岩中，确认它的部分化石。为了观察它的全身形态，只能不断地从石灰岩中挖掘。划皮艇的男子看到的赤坂鹿间贝的样子，可能只是其中一种而已。

赤坂鹿间贝不仅外形是个谜，生活状态也是个谜团。有人认为它不会浮上水面，而是躺在海底。

"sikamaia" "akasakaensis" 这两个词既不像英文也不像拉丁文？！是的，这种双壳贝的化石被发现于日本岐阜县大垣市赤坂町的金生山等地，为了纪念鹿间时夫博士而命名，当地许多博物馆都有其标本和复原模型。

Eryops megacephalus
大头引螈

二叠纪的水边

分类	脊椎动物 两栖类 迷齿类
产地	美国
全长	2 米

二叠纪 约 2.99 亿年前—约 2.52 亿年前

上面

侧面

正面

某美术馆正以"古生代"为主题进行展览。展厅中展示的画作，描绘的是古生代 3 亿年间世界上存在的古生物。坐在展厅中间的沙发上，凝望着这些画作，在感受悠久历史的同时，莫名有种惆怅感。本书以古生代的生物为主题，至此已接近尾声。下一本又会出现什么样的动物和植物呢？

正在陷入感慨之际，有只动物慢腾腾地爬了过来。这家伙体形庞大、身体笨重，它就是大头引螈（Eryops megacephalus），是古生代末期生存于美国的两栖类动物。

引螈可不单单是体形庞大的两栖类，它的口中长满尖锐的牙齿，下巴宽阔结实，具有明显的肉食性动物特征。从这点来看，引螈被看作是两栖类历史上最强大的物种。

在古生代末期的水底世界，引螈被认为位于生态系统中的"统治阶层"。当时，合弓类大型食肉动物在内陆的"势力"不断扩大，引螈或许与其竞争过生态系统最顶层的位置吧。

这间展厅中的画作，描绘的是古生代各个时期最强的物种。引螈看了，难免会有些思乡之情吧。现在看来，它完全没有要攻击旁边女子的迹象，我们暂且可以放心。不过，如此其乐融融的场景在现实中并不存在。

Helicoprion bessonowi

贝松旋齿鲨

二叠纪的海洋

分类	脊椎动物 软骨鱼类 全头类
产地	美国、俄罗斯、日本等
全长	3 米以上

二叠纪　约 2.99 亿年前—约 2.52 亿年前

正面

侧面

"喂，快看！一些奇特的鲨鱼正在游来游去。"

"真的！你看！"

"那是什么呀？"

"下面游着的像是沙虎鲨，那上面的是……"

"……上面的那只是什么呢，看起来并不认识呢。"

我们似乎听到了这样的对话。

在沙虎鲨上方，和它朝着同一方向游的是贝松旋齿鲨（*Helicoprion bessonowi*）。贝松旋齿鲨从这家人面前游过，让人印象最深的便是它的下颚。它下颚的中轴部分，牙齿就像电锯的圆盘状锯齿一样，围绕成半圆形。我们从表面上看不到，实际上下颚里面的牙齿呈螺旋状排列。

这种下颚和牙齿的排列方式实在独特。至于这种牙齿究竟有何作用，目前尚无定论。

据说贝松旋齿鲨的主要食物是头足类。若是在水族馆投放饵料，墨鱼、章鱼等都比较合适。饲养员往水箱里投放饵料时，贝松旋齿鲨是如何利用下颚吃食物呢？真想仔仔细细地观察一番。

贝松旋齿鲨被归类为软骨鱼类，但更细的分类尚不明确。在 2013 年发表的研究报告指出，它很可能与银鲨是同类。

Diplocaulus magnicornis

大角笠头螈

二叠纪的海洋

心里想着"今天好热,泡个凉水澡吧",打开了浴室门……却不料有"人"捷足先登!大角笠头螈(Diplocaulus magnicornis)正泡在浴缸里,看上去十分舒适惬意。

大角笠头螈是两栖类动物,它最突出的特征在于头部,像一个厚厚的回飞镖,扁平宽大,呈"く"形。虽然笠头螈头部很大,嘴巴却很小,位于"く"形的顶端。

两只眼睛离嘴巴很近,表情看起来十分可爱。虽说是两栖类,但是它和现代的青蛙(无尾类)、蝾螈(有尾类)、蚓螈(无足类)不同,大角笠头螈属于已经灭绝的种类。

笠头螈最大的特征就是头部,它的头部不是从幼年时期就这么大。幼年时期,它的头部没有这么宽,也不呈"く"形,差不多是正三角形。之后随着成长,头部越来越大。

与头部相连的是宽扁的身体,上面长出短小的四肢和长长的尾巴。四肢如此短小,想必它不方便在陆地上行走。因此,它应该主要生活在水里。像浴缸这样水流静止的场所固然好,即便是有一定强度的水流,它应该也可以来回游动。

分类	脊椎动物 两栖类
产地	美国
全长	1米

二叠纪 约 2.99 亿年前—约 2.52 亿年前

正面

侧面

上面

Coelurosauravus jaekeli
耶氏空尾蜥

分类	脊椎动物 爬行类
产地	加拿大
全长	1 米

二叠纪　约 2.99 亿年前—约 2.52 亿年前

上面

上面
（展翅）

侧面

二叠纪的陆地

在公园里散步时，正准备喂喂鸽子，突然飞来一只意想不到的动物。

"咦，等等！等一下！"

它竟然灵巧地收起翅膀，降落在我的手上。这种有着可"折叠"翅膀的动物叫作耶氏空尾蜥（Coelurosauravus jaekeli）。

空尾蜥是目前已知的脊椎动物中，最早能在空中飞翔的动物之一。它胸腹部左右两侧的腋部后方以及躯干两侧，有超过 23 根骨头，空尾蜥能将这些骨头向两侧伸展。骨头之间有皮膜相连，整体组成了"翅膀"。虽然与生活在马来半岛的飞蜥身体结构十分相似，但飞蜥"翅膀"的中心是肋骨，而空尾蜥是"专用骨"。空尾蜥利用腹部的翅膀主要完成从高处向低处的滑翔。它与鸟类等飞翔性脊椎动物最大的不同在于，它不能拍打翅膀。

长长的尾巴是空尾蜥的显著特征之一，它的尾巴貌似能灵活摆动，想必对控制飞行姿势会有所帮助。有人指出它的前脚可以发挥方向舵的作用，决定飞行方向。

在古生物史上，空尾蜥出现于二叠纪后期，现今早已灭绝，并没有子孙延续下来。

Scutosaurus karpinskii

卡氏盾甲龙

二叠纪的陆地

分类	脊椎动物 爬行类 锯齿龙类
产地	俄罗斯
全长	2 米

二叠纪　约 2.99 亿年前—约 2.52 亿年前

侧面

正面

与大型犬一起生活，可以真实体会到喂养小型犬、中型犬没有乐趣。但是，养大型犬也有不少麻烦事儿，比如很难帮它找到玩伴。能毫无防备地与大型犬一起玩耍的动物，实在是太少了。

为了寻找玩伴，便带着爱犬去有大型卡氏盾甲龙（Scutosaurus karpinskii）的公园。本以为它们可以一起愉快地玩耍，没想到它们相互对视后就一动不动了。爱犬不主动，卡氏盾甲龙也没反应，真是令人头疼！

用"重量级"来形容盾甲龙这一爬行动物再合适不过了。它的特征十分显著，胖墩墩的身躯、粗壮的四肢、头部左右凸出的褶边。虽然它面相凶猛，却是食草动物，以柔软的植物为主食。

当然，现今世界上并不存在放养盾甲龙的公园，所以期待它成为大型犬的玩伴是不可能了。在古生物史上，包括盾甲龙在内的锯齿龙类，在二叠纪十分活跃，是当时极具代表性的大型食草动物。当时，整个世界的大陆聚集在一起——"泛大陆"，至少有一部分锯齿龙类在泛大陆的内陆地区繁衍生息。

Mesosaurus tenuidens
纳米比亚中龙

分类	脊椎动物 爬行类 副爬行类
产地	巴西、纳米比亚、南非等
全长	1米

二叠纪 约2.99亿年前—约2.52亿年前

上面

侧面

正面

二叠纪的湖泊河川

"各就各位！砰！"

伴随着发令枪响，女子奋力向前游，突然发现身旁有只拥有长长尾巴的奇怪动物。它头部细长，口中长满细长的牙齿，四肢分明。有这样一只动物在你身边活动……你能泰然处之吗？

混入泳池的这一动物，被称为纳米比亚中龙（Mesosaurus tenuidens）。人们一直将其归类为爬行类，但近些年关于这一分类争议较大。（不过，它不是两栖类，也不是哺乳类。）

不管纳米比亚中龙被归为哪类，它的生存状态是不会改变的。纳米比亚中龙有四肢，但不是陆生动物，而是生活在湖泊或河川中的淡水动物。

在古生物史上，纳米比亚中龙生存于古生代二叠纪的南美大陆和非洲大陆。众所周知，现今这两个大陆之间隔着大西洋，淡水动物是无法渡过海洋的。现实情况是，在这两个大陆上都发现了纳米比亚中龙的化石。这一事实说明，在二叠纪时期，这两个大陆是相连的，也就印证了"大陆漂移"的假说，纳米比亚中龙正是超大陆存在过的证据。

Dimetrodon grandis

巨大异齿龙

二叠纪的陆地（夜晚）

分类	脊椎动物 合弓类"盘龙类"
产地	美国
全长	3.5 米

二叠纪 约 2.99 亿年前～约 2.52 亿年前

侧面

在停车时，竟然发现了巨大异齿龙（*Dimetrodon grandis*）。其中一只规规矩矩地在停车位里休息，剩下的两只走来走去，好像也在寻找停车位。

异齿龙属分为很多种类，由于种类不同，其大小各异。最大的全长可达 3.5 米（也有说法认为可达 4.6 米），也就是说，大的异齿龙个体长度与小型汽车差不多。与左页图中蓝色汽车相比，异齿龙要小一圈儿。

异齿龙是古生代陆地世界上最大级别的肉食性动物。肉食性动物为什么这么大呢？大多数人认为是由于它们捕获的猎物也很大。也就是说，在这一时期，还有很多动物同样庞大。

异齿龙的背帆被认为有调节体温的功能。据说，它的背帆受到阳光照射便能提高体温，遇风则体温下降。不过，2014 年发表的关于其眼睛的研究报告指出，异齿龙是夜行性动物。至少它的眼睛符合夜行性动物的结构。但至于夜行性与背帆之间有何关系，目前尚不清楚。

Cotylorhynchus romeri
罗氏杯鼻龙

二叠纪的河川

分类	脊椎动物 合弓类"盘龙类"卡色龙类
产地	美国
全长	3.5米

二叠纪　约2.99亿年前—约2.52亿年前

上面

侧面

正面

最近带狗遛弯儿时，罗氏杯鼻龙（*Cotylorhynchus romeri*）总是跟着一起。杯鼻龙全长超过3.5米，它拖着庞大的身躯，慢腾腾地跟在后面，根本不需要牵绳。狗狗似乎已经习惯了杯鼻龙的存在，从容地和它一起散步。这样看来，或许杯鼻龙很好饲养呢。不过，在室内饲养如此大型的动物，麻烦程度可想而知……

杯鼻龙属于合弓类食草动物。它的身体像一个中间粗两头窄的大木桶，头部很小，看上去很不协调，这是杯鼻龙的显著特征之一。

饲养杯鼻龙有一点需要特别注意。正如你看到的，它的头部特别小，脖子也不长，以至于它的嘴巴无法靠近地面。所以，给它盛水的盘子不能放在地上，而要放在它嘴巴能达到的高度。

在古生物史上，杯鼻龙作为二叠纪最具代表性的动物被广为人知。在当时，它算是合弓类中体形最大的，与第190页介绍过的异齿龙、第196页的狼蜥兽基本同样大小。

2016年发表的研究报告指出，包括杯鼻龙在内的卡色龙类很有可能是水生动物。的确，如果栖于水中，那嘴巴无法靠近地面这一问题便得到了解决。而且，比起在陆地上行走，它短小的四肢可能更适合在水中划行。

Estemmenosuchus mirabilis

奇异冠鳄兽

侧面

正面

二叠纪的陆地

据说有个牧场里饲养着一些奇怪的野兽，里面有一只个头比牛还大两倍的动物。这次为大家介绍的牧场，就饲养着已经灭绝的合弓类动物奇异冠鳄兽（*Estemmenosuchus mirabilis*）。

现代人只要见到有些大型、长相奇特的古生物，马上会说："啊！是恐龙！"但冠鳄兽可不是恐龙哦！的确，在它两只眼睛上方以及脸颊两侧各突起一个大型角状物，极具凶猛的长相令一些恐龙也自叹不如，但它属于地地道道的合弓类。人类所属的哺乳类也是合弓类的一个分支，说起来它也算得上人类的"远房亲戚"。不管它的长相多么可怕，块头比牛大多少，它都不属于恐龙所属的爬行类。

它的长牙粗壮锋利，却不是用来撕裂猎物，因为冠鳄兽是草食性动物。近年来一些研究指出，它的牙齿之所以如此发达，是为了吸引异性。

在古生物史上，冠鳄兽是古生代二叠纪时期活跃于俄罗斯大陆的一种合弓类动物。在当时，世界各地有许多像它这样巨大又滑稽的合弓类动物。

Inostrancevia alexandri
狼蜥兽

二叠纪的陆地

分类	脊椎动物 合弓类 兽孔类 丽齿兽类
产地	俄罗斯
全长	3.5 米

二叠纪　约 2.99 亿年前—约 2.52 亿年前

正面　　　　　　　侧面

在狮子旁边，有一只与它差不多大小的动物，它们并肩而行。两头野兽好像正盯着前方远处的猎物，它们并肩同行的画面，看上去很有趣。

实际上，画面肯定不会像这样美好。走在里侧的野兽，长着又长又尖锐的牙齿，光看长相就能判定它是凶猛的食肉动物。单单一头狮子足以令人胆战心惊，再加上一头不明猛兽……倘若你在毫无防备的状态下碰到这个场面，要尽最大努力不让它们发现你，或者干脆放弃挣扎。

走在里侧拥有长长的犬齿的动物叫作狼蜥兽（*Inostrancevia alexandri*）。在古生物史上，它是古生代二叠纪时期俄罗斯大陆的霸主。

在古生代二叠纪后半期，兽孔类这一生物类群十分繁盛，丽齿兽类作为大型食肉动物成为当时生态系统的霸主。而狼蜥兽又是丽齿兽类中体形最大的物种之一。这意味着，狼蜥兽是整个古生代陆地肉食动物中最大型的动物。

哺乳类动物与丽齿兽类同属于兽孔类。也就是说，上页图描绘的正是新老兽孔类中的"百兽之王"共同出现的场景。

Diictodon feliceps

巨兽双齿兽

分类	脊椎动物 合弓纲 兽孔目
产地	南非
全长	45 厘米

二叠纪　约 2.99 亿年前—约 2.52 亿年前

正面

上面

侧面

二叠纪的陆地

正在和拉布拉多猎犬一起午睡的动物是什么？仔细一瞧，发现它口中露出了小牙，这种动物名叫巨兽双齿兽（Diictodon feliceps）。

在古生物史上，双齿兽生存于大约 2.57 亿年前的古生代二叠纪时期，曾极度活跃于南非地带。在南非卡鲁盆地一带的地层中，挖掘出了各种各样的陆地脊椎动物化石。其中，双齿兽化石的数量占到化石总数的 60%。

犬齿是双齿兽的显著特征之一。虽然它的犬齿远不及之后时代出现的剑齿虎，但同样锋利尖长，暴露于嘴巴外。不过，据说它犬齿后面的牙齿并不发达。

双齿兽和第 196 页介绍的狼蜥兽一样，都属于兽孔类。兽孔类可以说是哺乳类的"亲戚"，它的形态与哺乳类很像。

群居于巢穴也是双齿兽的一大特征，在地下挖出了它们螺旋状的巢穴。在已发现的巢穴化石里，有 2 只双齿兽的化石，它小小的身躯很适合在地下的巢穴生活。

要说结群的话，或许和现代的狗狗是不错的搭档呢。"一家一只双齿兽"，大家觉得怎么样？

图书在版编目（CIP）数据

真实大小的古生物图鉴 /（日）土屋健著；日本群
马县自然史博物馆主编；郑文莹译 . -- 北京：北京联
合出版公司 , 2020.5

ISBN 978-7-5596-3871-7

Ⅰ . ①真… Ⅱ . ①土… ②日… ③郑… Ⅲ . ①古生物
– 世界 – 图集 Ⅳ . ① Q91-64

中国版本图书馆 CIP 数据核字 (2019) 第 296054 号

北京版权局著作权合同登记 图字：01-2019-6921 号

KOSEIBUTSUNO SIZE GA JIKKAN DEKIRU! REAL SIZE KOSEIBUTSU ZUKAN:
KOSEIDAI-HEN
written by Ken Tsuchiya, supervised by Gunma Museum of Natural History
Copyright © 2018 Ken Tsuchiya
All rights reserved.
Original Japanese edition published by Gijutsu-Hyoron Co., Ltd., Tokyo

This Simplified Chinese language edition published by arrangement with
Gijutsu-Hyoron Co., Ltd., Tokyo in care of Tuttle-Mori Agency, Inc., Tokyo
through Hanhe International (HK) Co., Ltd.

真实大小的古生物图鉴

作　　者	[日] 土屋健
主　　编	日本群马县自然博物馆
译　　者	郑文莹
责任编辑	孙志文
项目策划	紫图图书 ZITO®
监　　制	黄利　万夏
特约编辑	刘长娥　张久越
营销支持	曹莉丽
版权支持	王福娇
装帧设计	紫图装帧

北京联合出版公司出版
（北京市西城区德外大街 83 号楼 9 层　100088）
天津联城印刷有限公司印刷　新华书店经销
字数 260 千字　787 毫米 ×1092 毫米　1/16　13 印张
2020 年 5 月第 1 版　2020 年 5 月第 1 次印刷
ISBN 978-7-5596-3871-7
定价：199.00 元